BMT 2009

Original-Tests mit Lösungen

BAYERISCHER MATHEMATIK-TEST 2009

Mathematik 8. Klasse

Gymnasium Bayern
2004–2008

STARK

Bildnachweis
Umschlagbild: © Jostein Hauge/Dreamstime.com
S. 1: http://nssdc.gsfc.nasa.gov
S. 3: © Graça Victoria/Dreamstime.com
S. 5: © Dreamstime.com
S. 9: © Jaimie Duplass/Dreamstime.com
S. 10: © Redaktion
S. 11: www.sxc.hu
S. 14: MP3-Player: www.sxc.hu; Eurocent-Münzen: © Radu Razvan/Dreamstime.com
S. 17: © ullsteinbild.de
S. 21: © Redaktion
S. 30: © Redaktion
S. 34: © www.sxc.hu
S. 2006-6: © Jon Helgason/Dreamstime.com
S. 2006-7: © Allianz Arena München Stadion GmbH

ISBN 978-3-89449-902-0

© 2008 by Stark Verlagsgesellschaft mbH & Co. KG
4. ergänzte Auflage
www.stark-verlag.de

Das Werk und alle seine Bestandteile sind urheberrechtlich geschützt. Jede vollständige oder teilweise Vervielfältigung, Verbreitung und Veröffentlichung bedarf der ausdrücklichen Genehmigung des Verlages.

Inhalt

Vorwort
Hinweise

Übungstests

Grundwissen der 5. Jahrgangsstufe
Test 1: Ganze Zahlen: Aufgaben 1–8 1
Test 2: Fläche: Aufgaben 9–16 4

Grundwissen der 6. Jahrgangsstufe
Test 3: Brüche: Aufgaben 17–26 8
Test 4: Körper: Aufgaben 27–31 11
Test 5: Prozent: Aufgaben 32–38 14

Grundwissen der 7. Jahrgangsstufe
Test 6: Symmetrie: Aufgaben 39–49 17
Test 7: Winkel: Aufgaben 50–60 22
Test 8: Terme: Aufgaben 61–69 27
Test 9: Gleichungen: Aufgaben 70–80 30
Test 10: Dreiecke: Aufgaben 81–90 34

Lösungen zum Grundwissen 41

Bayerischer Mathematik-Test 8. Jahrgangsstufe

2004
Aufgaben Gruppe A 2004-1
Lösungen Gruppe A 2004-6

Aufgaben Gruppe B 2004-12
Lösungen Gruppe B 2004-16

2005
Aufgaben Gruppe A 2005-1
Lösungen Gruppe A 2005-5

Aufgaben Gruppe B 2005-9
Lösungen Gruppe B 2005-13

2006
Aufgaben Gruppe A 2006-1
Lösungen Gruppe A 2006-5

Aufgaben Gruppe B 2006-11
Lösungen Gruppe B 2006-15

2007
Aufgaben Gruppe A 2007-1
Lösungen Gruppe A 2007-6

Aufgaben Gruppe B 2007-11
Lösungen Gruppe B 2007-16

Fortsetzung siehe nächste Seite

2008
Aufgaben Gruppe A 2008-1
Lösungen Gruppe A 2008-5
Aufgaben Gruppe B 2008-12
Lösungen Gruppe B 2008-16

Autor:
Erwin Hofmann

Vorwort

Liebe Schülerin, lieber Schüler,

seit dem Jahre 2004 müssen sich in Bayern alle Gymnasiasten der **8. Jahrgangsstufe** einem **zentralen Mathematik-Test (BMT)** stellen. Das Testergebnis zählt als mündliche Note. In diesem Test soll geprüft werden, inwieweit dein **Grundwissen** in Mathematik aus den vergangenen Klassen noch präsent ist und ob du es **zur Lösung komplexerer Aufgaben** einsetzen kannst.

Der BMT findet meist in der ersten vollen Schulwoche des neuen Schuljahres statt. Mit diesem Buch kannst du deine Kenntnisse aus den **vergangenen Schuljahren** auffrischen und dich auf die spezielle Situation des Tests vorbereiten. Das Buch enthält die **BMT der Jahre 2004 bis 2008** mit **ausführlichen Erläuterungen der Lösungen** sowie **zehn weitere Übungstests im Stil der BMT**, inhaltlich nach Themen geordnet. Alle Tests wurden an den Stoff des G8 angeglichen.

Jeder BMT ist in die zwei Aufgabengruppen **A und B** unterteilt. Gruppe B unterscheidet sich von Gruppe A – wie du es aus der Schule gewohnt bist – meist nur durch andere Zahlen oder Bezeichnungen. Die Lösungen der **Gruppe A** sind **ausführlich** erklärt, damit du Schritt für Schritt den richtigen Lösungsweg trainieren und deinen Wissensstand durch Üben entscheidend verbessern kannst.
Solltest du dich in einem Teilbereich (z. B. Prozentrechnen oder Gleichungen) besonders unsicher fühlen, kannst du den entsprechenden Übungstest bearbeiten. Damit kannst du das Wichtigste aus diesem Teilbereich gezielt wiederholen. Selbstverständlich kannst du jeden Übungstests auch für sich einsetzen – zum **Auffrischen von Grundwissen**, um deine Fähigkeiten besser einzuschätzen oder auch, um systematisch die Inhalte der 5. bis 7. Jahrgangsstufe zu wiederholen.

Ich wünsche dir viel Freude bei der Arbeit mit diesem Buch und den erwünschten Erfolg beim nächsten BMT.

Erwin Hofmann

Hinweise

Beim zentralen BMT beträgt die reine **Arbeitszeit 40 Minuten**, in der Grundwissen und Problemlösefähigkeit auf Grundlage der Lehrplaninhalte der vorangegangenen Jahrgangsstufen geprüft werden. Um die rasche Abfolge verschiedenster Anforderungen und Schwierigkeiten zu bewältigen, ist für die Bearbeitung der Tests eine hohe Konzentration nötig. Daher solltest du auch beim Üben deine Arbeitszeit auf 40 Minuten begrenzen, um deine Fähigkeiten richtig einschätzen zu können.

Als **Hilfsmittel** sind nur die üblichen Zeichenmaterialien wie Zirkel, Geodreieck etc. zugelassen, nicht jedoch der Taschenrechner. Die Aufgaben stehen auf vier Seiten eines auf DIN A4 gefalteten DIN-A3-Blattes. Die Antworten und die Rechnungen müssen direkt auf das Angabeblatt geschrieben werden. In dem vorliegenden Buch wurde bei jeder Aufgabe so viel Platz gelassen, dass du genauso verfahren kannst.

Für die Lösungen der Testaufgaben werden **Bewertungseinheiten** (BE) vergeben. Dabei gelten folgende Grundsätze, die du unbedingt berücksichtigen solltest, um den Test erfolgreich zu bestehen:
- Die volle Punktzahl wird im Allgemeinen nur bei vollständig richtiger Lösung vergeben.
- Es werden keine halben BE vergeben.
- Ist bei einer (Teil-)Aufgabe nur eine BE erreichbar, so kann diese nur für ein richtiges Ergebnis vergeben werden. Bei formalen Mängeln (z. B. Missbrauch des Gleichheitszeichen, Schreibfehler) wird normalerweise großzügig bewertet.
- Sind bei einer Aufgabe zwei BE erreichbar, so wird bei Rechenfehlern, die nicht wesentlich und die nicht häufig sind, insgesamt eine BE abgezogen. Fehlt dagegen eine wesentliche Lösungsidee, so kann keine BE vergeben werden.

Zur **Selbstkontrolle und Eigenbewertung** ist im Lösungsteil dieses Buches bei einigen Teilaufgaben angegeben, wie die Punkteverteilung vorzunehmen ist. Die Umrechnung der erreichten Punktzahlen in eine Note erfolgt nach folgendem Bewertungsschlüssel:

21 –16 Punkte: Note 1
15 –13 Punkte: Note 2
12 –10 Punkte: Note 3
 9 – 7 Punkte: Note 4
 6 – 4 Punkte: Note 5
 3 – 0 Punkte: Note 6

Die Übungstests sind genauso gestaltet wie die Originaltests, mit ebenfalls maximal 21 BE, die du erreichen kannst. Da die Übungstests aber schwerpunktmäßig einen bestimmten Lehrplaninhalt (z. B. Symmetrie) behandeln, gibt die dort von dir erzielte Note Aufschluss darüber, wie gut du diesen Lerninhalt beherrschst.

Bayerischer Mathematik Test 8. Jahrgangsstufe
Übungstest 1: Ganze Zahlen

Aufgabe 1

Aus der Astronomie
„Unsere Milchstraße (Galaxis) ist eine Ansammlung von etwa hundert Milliarden Sternen, die um ein gemeinsames Zentrum kreisen. Auch unsere Sonne ist ein Mitglied dieser riesigen Sternenfamilie. Einer der Sterne, die unserer Sonne am nächsten liegen, ist der Stern Alpha-Centauri. Das Licht braucht ungefähr 4,3 Jahre, um von Alpha-Centauri zu uns zu gelangen."

a) Schreibe mit Ziffern und auch als Zehnerpotenz (Potenz mit der Basis 10).

   Hundert Milliarden = ...

b) Das Licht legt in der Sekunde eine Strecke von 300 000 km zurück. Entscheide mit Hilfe einer Überschlagsrechnung, wie weit Alpha-Centauri ungefähr von unserer Sonne entfernt ist.

   ☐ $4 \cdot 10^{11}$ km   ☐ $4 \cdot 10^{12}$ km   ☐ $4 \cdot 10^{13}$ km   ☐ $4 \cdot 10^{14}$ km   ☐ $4 \cdot 10^{15}$ km

Aufgabe 2

a) Berechne $5 - 8 =$ .... und veranschauliche diese Subtraktion auf der Zahlengeraden.

Übungstest 1: Ganze Zahlen — Aufgaben

b) Schreibe wie im Beispiel als Summe vorzeichenbehafteter Zahlen und berechne:

$13 + 24 = (+13) + (+24) = +37$

$13 - 24 = $ ....

$-13 + 24 = $ ....

$-13 - 24 = $ ....

c) Berechne $-15 - (-25) - 45 = $ ....

Aufgabe 3

$15 \cdot (-3) = $ ....

$(-85) : (-17) = $ ....

Aufgabe 4

a) Welche Rechengesetze wurden benutzt?

$[(-173) + 400] + (-127) = $ ....

$[400 + (-173)] + (-127) = $ ....

$400 + [(-173) + (-127)] = 400 + (-300) = 100$

b) Denke dir den Term als Summe (Summanden mit Vorzeichen!), stelle um und berechne.

$-141 + 300 - 859 = $ ....

c) Berechne geschickt durch Umstellen der Faktoren.

$(-125) \cdot (-397) \cdot (-8) = $ ....

d) Berechne geschickt durch Anwenden des Distributivgesetzes.

$17 \cdot 35 - 17 \cdot 45 = $ ....

Aufgabe 5

a) Beschreibe den Term $12 - 2 \cdot 5^3$ (mit Fachbegriffen wie Quotient, Dividend usw.).

....

....

b) Berechne: $12 - 2 \cdot 5^3 = $ ....

Aufgabe 6

a) Berechne: $(-2) \cdot 25 - 7 \cdot (-12) =$ ....

b) Subtrahiere die Differenz aus 36 und (−12) vom Quotienten aus 36 und (−12). Stelle zuerst einen Gesamtterm auf!

....

....

Aufgabe 7

a) Erkläre, was man unter einer Primzahl versteht und gib die ersten fünf Primzahlen an.

....

....

b) Zerlege die Zahl 360 in Primfaktoren. Verwende im Ergebnis die Potenzschreibweise.

....

....

Aufgabe 8

Sabines Fahrradschloss besteht aus vier Ringen. Auf jedem der Ringe kann sie die Ziffern von 0 bis 9 einstellen. Wie viele Möglichkeiten zur Auswahl ihrer Geheimzahl hat sie, wenn sie

a) am ersten Ring die Ziffer 0 nicht verwenden will?

....

b) eine Geheimzahl mit lauter verschiedenen Ziffern verwenden will?

....

....

Bayerischer Mathematik Test 8. Jahrgangsstufe
Übungstest 2: Fläche

Aufgabe 9

Im Kästchennetz sind die Buchstaben L, T und K gekennzeichnet. Die Eckpunkte sind Gitterpunkte.

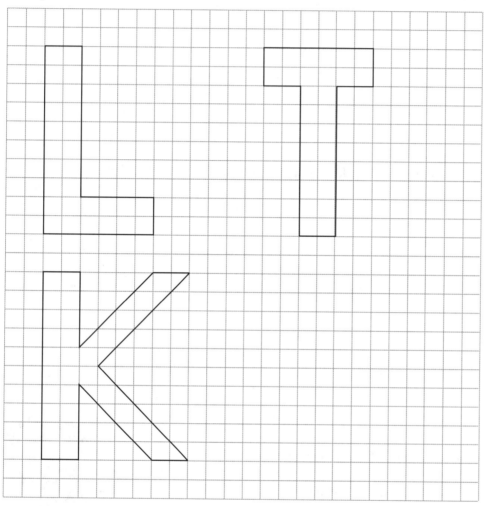

a) Gib Flächeninhalt und Umfang für die Buchstaben T und L an. /2

....

....

b) Zeichne in das Gitternetz eine Figur (es muss kein Buchstabe sein!), die den gleichen Flächeninhalt wie das gezeichnete L, aber einen kleineren Umfang hat. /1

Aufgaben — Übungstest 2: Fläche

c) Bestimme den Flächeninhalt des gezeichneten K.

....

....

/ 1

Aufgabe 10

Übliche Werte für Länge und Breite eines Fußballfelds sind 105 m und 68 m. Der Flächeninhalt eines solchen Felds beträgt ungefähr

☐ 7 a   ☐ 700 a   ☐ 0,7 ha   ☐ 7 ha   ☐ 70 ha

/ 1

Aufgabe 11

Welche Seitenlänge hat ein quadratisches Grundstück von 4 ha Fläche?

....

/ 1

Aufgabe 12

Berechne. Achte auf die Einheiten. Gib jeweils einen Sachzusammenhang an, der zur Rechnung passt.

a) 24 a : 3 =

....

....

/ 1

b) 24 a : 60 m =

....

....

/ 2

c) 24 a : 600 m² =

....

....

/ 2

Aufgabe 13

Herr Pool möchte rings um sein Schwimmbecken einen 1 m breiten Weg mit quadratischen Fliesen der Seitenlänge 20 cm pflastern.

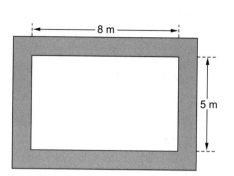

a) In welchem Maßstab ist der Weg in der Zeichnung dargestellt?

b) Berechne den Flächeninhalt des geplanten Wegs auf zwei verschiedene Arten.

c) Wie viele Fliesen braucht Herr Pool zum Pflastern des Wegs?

Aufgabe 14

Zeichne in das Koordinatensystem (Längeneinheit 1 cm) die Punkte A(1|1), B(6|1) und C(4|5) ein und bestimme den Flächeninhalt des Dreiecks ABC.

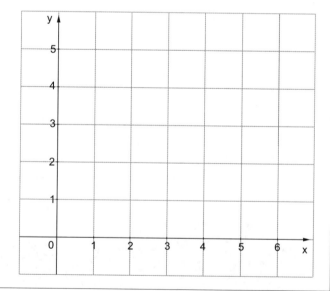

Aufgabe 15

Vervollständige die Zeichnung so, dass sie die Formel $A_p = g \cdot h$ für den Flächeninhalt des gezeichneten Parallelogramms erklärt.

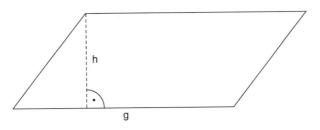

Aufgabe 16

Die Oberfläche eines Fußballs besteht aus regelmäßigen Sechsecken und Fünfecken. Eines der Sechsecke ist (verkleinert) abgebildet. Es besteht aus 6 gleichen Dreiecken.

a) Beschreibe, wie man den Flächeninhalt des Sechsecks durch Zerlegen in die sechs Dreiecke bestimmen kann.

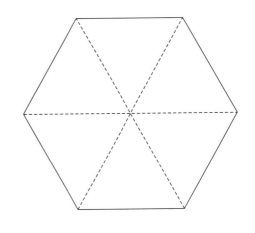

....

....

....

....

b) Zeichne in die Skizze ein Rechteck ein, das denselben Flächeninhalt wie das Sechseck hat.

Bayerischer Mathematik Test 8. Jahrgangsstufe
Übungstest 3: Brüche

Aufgabe 17

Beim Speichern einer Datei erscheint auf dem Bildschirm die folgende Graphik (es können insgesamt 55 Felder aufleuchten):

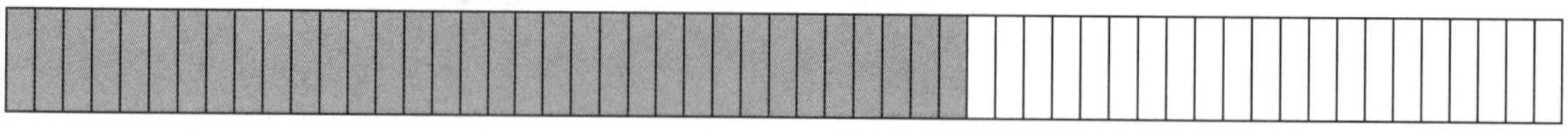

Restzeit: 42 Sekunden

a) Welcher Bruchteil der Datei ist bereits gespeichert? /1

....

b) Wie lange dauert der gesamte Speichervorgang? Löse die Frage mit Hilfe einer Schlussrechnung. /2

....

....

c) Löse die Frage in b mit Hilfe einer Gleichung. /2

....

....

....

Aufgabe 18

a) Kürze: $\frac{6}{15}$ = ...   Veranschauliche den Kürzvorgang mit Hilfe einer Rechtecksfigur: /1

b) Kürze: $\frac{65}{91}$ = ... /1

Aufgabe 19

a) $\frac{2}{15} + \frac{7}{12} =$ .... / 2

b) $17\frac{1}{6} + 11\frac{1}{3} =$ .... / 1

Aufgabe 20

Zeichne eine Zahlengerade (Einheit 2 cm) und markiere die folgenden rationalen Zahlen sowie die dazugehörigen Gegenzahlen.

$2; \; 1\frac{1}{2}; \; 2{,}6; \; \frac{13}{52}$

/ 1

Aufgabe 21

Wandle die Zahl $\frac{3}{8}$ in die dezimale Schreibweise um.

a) durch Erweitern $\frac{3}{8} =$ .... / 1

b) durch Division $\frac{3}{8} =$ .... / 1

Aufgabe 22

Welche der folgenden rationalen Zahlen können als endlicher Dezimalbruch geschrieben werden?

☐ $\frac{11}{125}$ ☐ $\frac{3}{40}$ ☐ $\frac{1}{9}$ ☐ $\frac{3}{14}$ ☐ $\frac{21}{14}$

/ 1

Aufgabe 23

Wie viele Gläser von $\frac{1}{4}$ Liter Inhalt kann man mit $4\frac{1}{2}$ Saft füllen? Löse die Aufgabe

a) in der Schreibweise gewöhnlicher Brüche:

....

....

/ 1

b) indem du die Brüche zunächst in die dezimale Schreibweise umwandelst:

Aufgabe 24

Berechne: $0{,}03 - 0{,}2 \cdot \frac{1}{3} =$ ....

Aufgabe 25

Felix hat einen Würfel 50 Mal geworfen und dabei 9 Mal eine Sechs erhalten. Vergleiche die relative Häufigkeit der „Sechs" mit dem Wert $\frac{1}{6}$

a) durch Erweitern auf den Hauptnenner:

b) durch Umwandeln in die dezimale Schreibweise:

Aufgabe 26

1999 wurde die bislang größte Bakterie, die so genannte „Schwefelperle von Namibia" entdeckt. Eine solche Bakterie kann eine Fläche von 0,5 mm² einnehmen. Wie groß ist ungefähr die Länge eines Quadrats mit diesem Flächeninhalt?

Bayerischer Mathematik Test 8. Jahrgangsstufe
Übungstest 4: Körper

Aufgabe 27

Das Bild zeigt ein Glasprisma zur Zerlegung des weißen Lichts in die so genannten Spektralfarben.

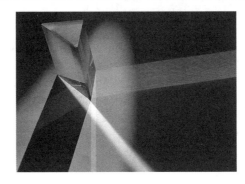

Ein Prisma steht auf einer dreieckigen Grundfläche (Maße in cm siehe Schrägbild).

a) Ergänze das Prisma im Schrägbild zu einem Quader mit doppeltem Volumen.

/ 1

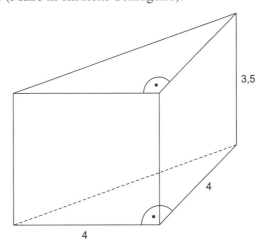

b) Berechne das Volumen des Prismas.

/ 2

....

....

c) Das Prisma liegt nun auf einer seiner Seitenflächen. Zeichne dazu ein Schrägbild!

/ 2

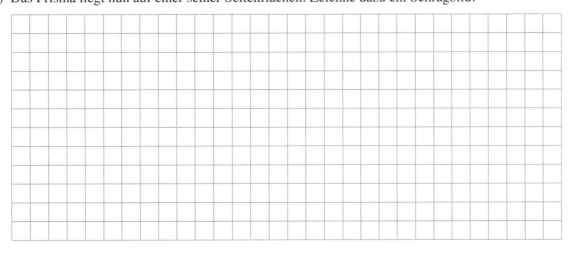

Aufgabe 28

Herrn Pools Schwimmbecken ist 8 m lang, 5 m breit und 2 m tief.

a) Der Boden und die inneren Seitenwände des Beckens müssen frisch gestrichen werden. Für wie viel m² muss Herr Pool Farbe kaufen?

....

....

....

b) Wie viel Liter Wasser sind im Becken, wenn es bis zum Rand voll ist? Wie viele Tonnen wiegt diese Wassermenge (1 Liter Wasser wiegt 1 kg)?

....

....

c) Wie hoch steht das Wasser, wenn in das leere Becken 1 000 Liter Wasser einlaufen?

....

....

d) Wie viel Wasser würde in das Becken passen, wenn es über der halben Bodenfläche nur eine Tiefe von 1,5 m hätte (Nichtschwimmerbereich)?

....

....

Aufgabe 29

Wenn man die Kantenlänge eines Würfels verdoppelt, multipliziert sich …

a) die Oberfläche mit dem Faktor

☐ 2   ☐ 3   ☐ 4   ☐ 6   ☐ 8   ☐ 27

b) das Volumen mit dem Faktor

☐ 2   ☐ 3   ☐ 4   ☐ 6   ☐ 8   ☐ 27

Aufgabe 30

Die Zeichnung zeigt Teile des Netzes eines dreiseitigen Prismas. Die Maßangaben beziehen sich auf die Einheit 1 cm.

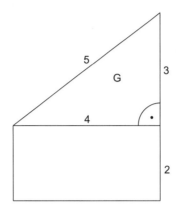

G: Grundfläche

a) Vervollständige das Netz.

b) Berechne die Oberfläche des Prismas.

....

....

....

Aufgabe 31

Onkel Dagobert behauptet, er besitze 3 Kubikhektar Geld. Warum ist seine Angabe nicht sinnvoll? Was könnte er wirklich gemeint haben?

....

....

....

....

Bayerischer Mathematik Test 8. Jahrgangsstufe
Übungstest 5: Prozent

Aufgabe 32

Hochkonjunktur für MP3-Player: Während in Deutschland im Jahr 2003 nur 14 % der 12- bis 19-Jährigen einen besaßen, waren es 2005 schon fast zwei Drittel der 12- bis 19-Jährigen.

a) Schreibe 14 % als Dezimalzahl und als gekürzten Bruch.

14 % = ...

b) Wandle $\frac{2}{3}$ in die Prozentschreibweise um. Runde auf ganze Prozent.

$\frac{2}{3}$ = ...

Aufgabe 33

Die 50-, 20- und 10-Cent-Münzen bestehen aus so genanntem „Nordischem Gold", einer Legierung aus Kupfer, Aluminium, Zink und Zinn. Mit etwa 90 % bildet Kupfer den Hauptanteil.

a) Wie viel Gramm Kupfer sind in einer 50-Cent Münze der Masse 7,8 g enthalten? Runde auf Zehntelgramm.

....

....

....

b) Berechne mit Hilfe einer **Schlussrechnung**, wie viel Kilogramm Legierung sich aus 1 kg Kupfer herstellen lassen. Runde das Ergebnis auf hundertstel Kilogramm.

....

....

....

c) Die Frage in b lässt sich auch mit Hilfe einer Gleichung lösen. Gib eine solche Gleichung für die gesuchte Legierungsmenge x (in kg) an.

....

Aufgabe 34

Die Graphik zeigt die Bestandteile eines Colagetränks.

a) Wie viel Zucker ist in einem Liter (1 000 g) des Getränks enthalten? Wie viele Würfel Zucker zu je 3 g sind das?

b) Das Koffein macht 1,2% der Zusatzstoffe aus. Wie viel Prozent des ganzen Getränks ist Koffein?

Aufgabe 35

Ein Autofabrikant behauptet, das Diagramm zeige eine „gewaltige Steigerung der Absatzzahlen" im Monat Mai.

a) Wodurch wird dieser Eindruck im Diagramm hervorgerufen?

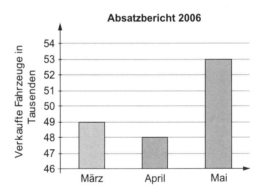

b) Berechne den Mittelwert der Absatzzahlen für die drei Monate.

c) In welchem Monat ist die Abweichung der Absatzzahl vom Mittelwert am größten? Gib diese Abweichung in Prozent an.

Aufgabe 36

Marco hat auf ein Computerspiel einen Preisnachlass von 25 % erhalten und musste nur noch 12 Euro zahlen.

a) Seine Schwester Carla rechnet so:

„25% von 12 € sind $\frac{1}{4}$ von 12 € = 3 €. Also hätte dein Spiel 3 € mehr, also 15 € gekostet."

Welchen Fehler macht Carla?

....

....

b) Berechne, was das Computerspiel ohne Preisnachlass tatsächlich gekostet hätte.

....

....

....

Aufgabe 37

Max trifft seinen alten Schulfreund Moritz, der anscheinend zu Wohlstand gekommen ist.

Max: „Aber in der Schule warst du doch immer schlecht, besonders in Mathe!"
Moritz: „Weißt du, ich kauf alte Stühle auf, für 10 € das Stück, repariere sie, verkaufe sie wieder für 60 € das Stück und von den 50 % lebe ich."

Korrigiere die Prozentangabe!

....

....

Aufgabe 38

An einer Tankstelle kostete Diesel im März 2006 10 % mehr als im März 2005, im März 2005 15 % mehr als im März 2004.

a) Wie viel % kostete Diesel im März 2005 weniger als im März 2006? Die Angaben sind auf ganze Prozent gerundet.

☐ 1 %   ☐ 5 %   ☐ 9 %   ☐ 10 %   ☐ 11 %

b) Wie viel Prozent macht die Preissteigerung über die gesamten zwei Jahre gerechnet aus?

....

....

Bayerischer Mathematik Test 8. Jahrgangsstufe
Übungstest 6: Symmetrie

Aufgabe 39

Kreuze an, welche Arten von Symmetrie die Bilder der beiden Meeresbewohner zeigen. Nimm es mathematisch nicht ganz genau.

☐ Achsensymmetrie ☐ Achsensymmetrie
☐ Punktsymmetrie ☐ Punktsymmetrie

Aufgabe 40

Gib jeweils einen Großbuchstaben des Alphabets an, der

(1) achsen- und punktsymmetrisch ist: ....

(2) achsensymmetrisch, aber nicht punktsymmetrisch ist: ....

(3) punktsymmetrisch, aber nicht achsensymmetrisch ist: ....

(4) weder achsen- noch punktsymmetrisch ist: ....

Aufgabe 41

Die Punkte A und A' sind symmetrisch bezüglich des Punktes Z. Konstruiere Z und den zu B bezüglich Z symmetrischen Punkt B'.

Übungstest 6: Symmetrie — Aufgaben

Aufgabe 42

Kreuze an. Für *jedes* punktsymmetrische Viereck gilt:

Gegenüberliegende Seiten sind parallel und gleich lang.	☐ richtig	☐ falsch
Alle Seiten sind gleich lang.	☐ richtig	☐ falsch
Gegenüberliegende Winkel sind gleich groß.	☐ richtig	☐ falsch
Die Diagonalen sind gleich lang.	☐ richtig	☐ falsch
Die Diagonalen halbieren sich gegenseitig.	☐ richtig	☐ falsch
Die Diagonalen stehen aufeinander senkrecht.	☐ richtig	☐ falsch

/ 2

Aufgabe 43

a) Konstruiere den zum Punkt B bezüglich der Geraden AC symmetrischen Punkt B'.

/ 1

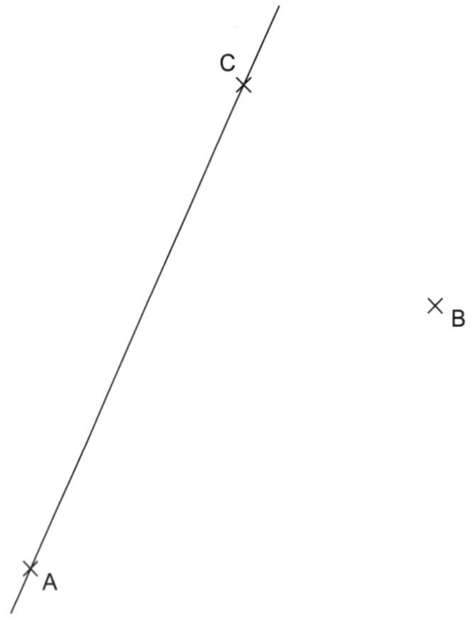

b) Begründe deine Konstruktion.

....

....

/ 1

c) Gib für das entstandene Drachenviereck ABCB' je eine Eigenschaft seiner Seiten, Winkel und Diagonalen an.

....

....

....

/ 1

Aufgabe 44

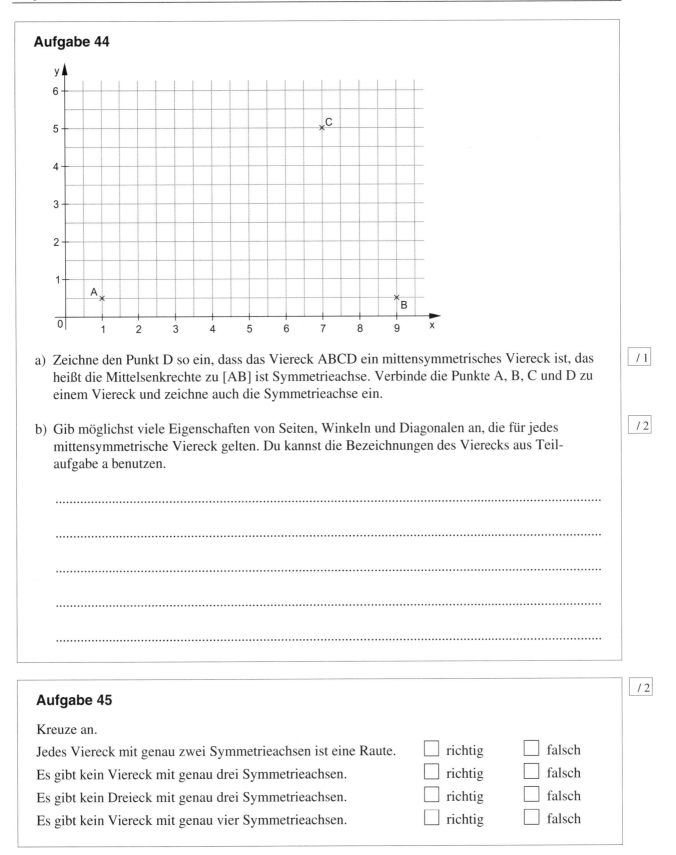

a) Zeichne den Punkt D so ein, dass das Viereck ABCD ein mittensymmetrisches Viereck ist, das heißt die Mittelsenkrechte zu [AB] ist Symmetrieachse. Verbinde die Punkte A, B, C und D zu einem Viereck und zeichne auch die Symmetrieachse ein.

b) Gib möglichst viele Eigenschaften von Seiten, Winkeln und Diagonalen an, die für jedes mittensymmetrische Viereck gelten. Du kannst die Bezeichnungen des Vierecks aus Teilaufgabe a benutzen.

....

....

....

....

....

Aufgabe 45

Kreuze an.

	richtig	falsch
Jedes Viereck mit genau zwei Symmetrieachsen ist eine Raute.	☐	☐
Es gibt kein Viereck mit genau drei Symmetrieachsen.	☐	☐
Es gibt kein Dreieck mit genau drei Symmetrieachsen.	☐	☐
Es gibt kein Viereck mit genau vier Symmetrieachsen.	☐	☐

Aufgabe 46 /2

Konstruiere einen Winkel von 45° mit Scheitel S und Schenkel [SA.

```
————×————————×————————
     S          A
```

Aufgabe 47 /1

Der Kreis K hat die Gerade g als Tangente. Konstruiere den Berührpunkt B und den Kreis K.

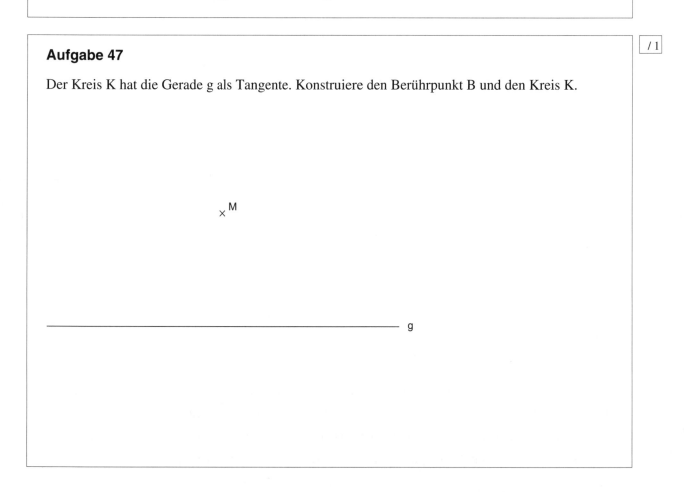

Aufgabe 48

Ein Sendemast soll aufgestellt werden, der von den Ortschaften A-Dorf, B-Weiler und C-Hausen gleich weit entfernt ist. Konstruiere den gesuchten Ort S und begründe deine Konstruktion.

• B

A•

• C
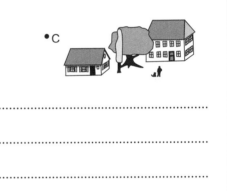

....

....

....

Aufgabe 49

Der Mittelpunkt des gezeichneten Kreises ist nicht bekannt. Beschreibe in Worten, wie man ihn durch eine Konstruktion finden kann.

....

....

....

....

....

Bayerischer Mathematik Test 8. Jahrgangsstufe
Übungstest 7: Winkel

Aufgabe 50

/ 2

Der Energieverbrauch eines typischen deutschen Haushalts teilt sich wie folgt auf:

Elektrische Geräte und Beleuchtung   5 %
Auto   35 %
Heizung und Warmwasser   60 %

Stelle diese Aufteilung in einem Kreisdiagramm dar. Berechne zunächst die zugehörigen Mittelpunktswinkel.

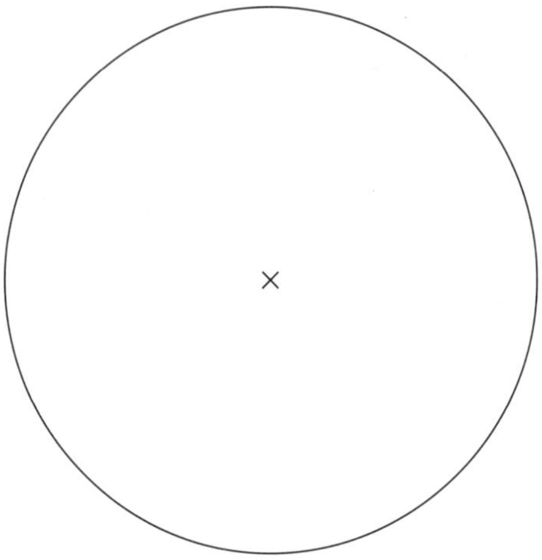

Aufgabe 51

/ 1

Ein Winkel α mit $0 < \alpha < 90°$ wird *spitz* genannt. Wie wird α genannt, wenn gilt:

$\alpha = 90°$ ....

$90° < \alpha < 180°$ ....

$\alpha = 180°$ ....

$\alpha > 180°$ ....

Aufgabe 52

a) Zeichne ein Paar von Scheitelwinkeln und gib eine Eigenschaft von Scheitelwinkeln an.

/ 1

b) Zeichne ein Paar von Nebenwinkeln und gib eine Eigenschaft von Nebenwinkeln an.

....

....

....

Aufgabe 53

a) Zeichne ein Paar von Wechselwinkeln.

b) Formuliere einen (wichtigen) Satz über Wechselwinkel. Du kannst die Bezeichnungen deiner Zeichnung benutzen.

....

....

....

....

c) Konstruiere zu der Geraden g die Parallele h durch den Punkt P mit Hilfe von Wechselwinkeln.

×P

———————————————————————— g

Aufgabe 54

In der Figur gilt:
g und h sind zueinander parallel. $\alpha = 40°$.
Berechne den Winkel β (mit stichwortartiger Begründung).

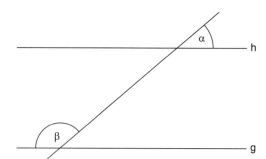

....

....

....

Aufgabe 55

Bezeichne die Winkel α, β und γ des Dreiecks ABC mit Hilfe der Ecken A, B und C.

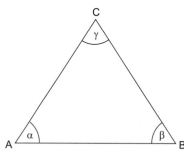

....

....

....

Aufgabe 56

Zeichne ein Dreieck ABC mit $c = 4$ cm, $\alpha = 50°$ und $\gamma = 70°$.

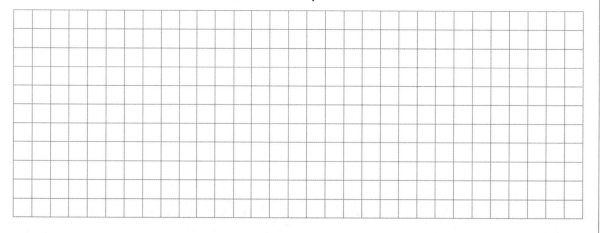

Aufgabe 57

In dem gezeichneten Trapez ist AB parallel zu CD und es gilt α = 65° und β = 45°.

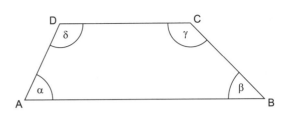

a) Berechne die Größe des Winkels γ mit Hilfe der Winkelgesetze an einer Doppelkreuzung.

....

....

b) Berechne die Größe von δ mit einer anderen Methode als der, die du in Teilaufgabe a benutzt hast.

....

....

Aufgabe 58

ABC sei ein beliebiges Dreieck und p die Parallele zu AB durch C. Begründe mithilfe der Winkelgesetze an der Doppelkreuzung, dass gilt:
α + β + γ = 180°.

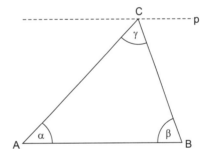

....

....

....

....

Aufgabe 59

Bekannt sei, dass die Winkelsumme im Dreieck 180° beträgt.

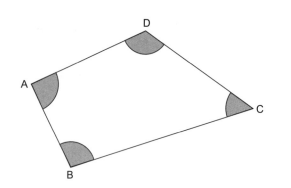

a) Vervollständige die Zeichnung des Vierecks ABCD so, dass klar wird, wie groß die Winkelsumme im Viereck ist.

b) Wie groß ist die Winkelsumme im 5-Eck?

....

....

c) Gib einen Term für die Winkelsumme im n-Eck an:

....

....

Aufgabe 60

In P und Q liegen zwei Billardkugeln. Die Kugel in P soll so gestoßen werden, dass sie nach Reflexion in einem Punkt S der Bande genau auf die Kugel in Q trifft. Die Reflexion erfolgt nach den Gesetzen der Physik so, dass die Geraden PS und SQ jeweils mit der Bande einen gleich großen Winkel einschließen. Daniel spiegelt in Gedanken den Punkt Q an der Bande und zielt von P aus geradewegs auf Q'. Wieso trifft er die Kugel in Q?

....

....

....

Bayerischer Mathematik Test 8. Jahrgangsstufe
Übungstest 8: Terme

Aufgabe 61

Für ein Handy werden zwei verschiedene Tarife (A und B) angeboten.
Tarif A: monatliche Grundgebühr 5 Euro, pro Gesprächsminute 0,30 Euro.

a) Fülle die folgende Wertetabelle für den Tarif A aus:

Gesprächsdauer in Minuten	0	1	2	...	x
monatliche Kosten in Euro					

In der Grafik sind für beide Tarife die monatlichen Kosten in Abhängigkeit von den Gesprächsminuten dargestellt.

b) Bestimme mithilfe der Graphik einen Term für die monatlichen Kosten bei Tarif B, wenn x Gesprächsminuten zu zahlen sind.

....

....

....

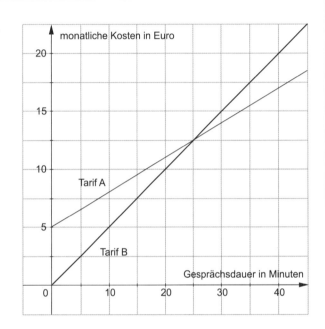

c) Unter welchen Umständen ist Tarif A günstiger, unter welchen Tarif B?

....

....

Aufgabe 62

$T(x) = \dfrac{x-1}{x+1}$

a) Berechne: $T(-5) =$ ....

b) Für welches x ist der Term nicht definiert? Begründe deine Antwort.

....

....

Übungstest 8: Terme — Aufgaben

Aufgabe 63

$T(a; b) = a : b - ab^2$

a) Berechne: $T(-4; 2) =$ .... /1

....

b) Gliedere den Term T. /1

....

....

....

Aufgabe 64

Vereinfache so weit wie möglich.

a) $5x - 20x =$ .... /1

$5x(-20x) =$ ....

b) $5b \cdot 2a - 4a \cdot (-3b^2) - 3b \cdot 3a =$ .... /1

....

Aufgabe 65 /2

Kreuze an! Die Variablen stehen jeweils für rationale Zahlen.

$(-2x)^3$ und $-8x^3$	☐ äquivalent	☐ nicht äquivalent
$-2x^2$ und $4x^2$	☐ äquivalent	☐ nicht äquivalent
$x^4 \cdot x^3$ und x^{12}	☐ äquivalent	☐ nicht äquivalent
$x^4 - x^3$ und x	☐ äquivalent	☐ nicht äquivalent
$(ab)^2$ und a^2b^2	☐ äquivalent	☐ nicht äquivalent
$(a+b)^2$ und $a^2 + b^2$	☐ äquivalent	☐ nicht äquivalent

Aufgabe 66

Multipliziere aus.

a) $-\frac{1}{2}\left(4x - \frac{1}{3}\right) = $ .... /1

b) $(1-x)(1+x+x^2) = $ .... /1

....

Aufgabe 67

Vereinfache jeweils so weit wie möglich.

a) $-2x^2 - [3x^2 - 3x(2-x)] = $ .... /2

....

....

b) $(-2b)^2 - (2b-a)(2b+a) = $ .... /2

....

....

Aufgabe 68

Faktorisiere mit Hilfe des Distributivgesetzes so weit wie möglich.

a) $12uv^2 + 20u^2v = $ .... /1

b) $x^3 - x^2 + x = $ .... /1

....

Aufgabe 69

Zahlenzauberei

/2

Sigi Schlaumeier sagt: „Denk dir eine Zahl. Multipliziere sie mit 4 und addiere zum Ergebnis die Zahl 12. Dividiere das Ganze danach durch 2 und ziehe vom Ergebnis die Zahl 6 ab. Sag mir dein Endergebnis, und ich sage dir, welche Zahl du dir gedacht hast."

Wie kommt Sigi auf die gedachte Zahl?

....

....

....

Bayerischer Mathematik Test 8. Jahrgangsstufe
Übungstest 9: Gleichungen

Aufgabe 70

In dieser Aufgabe geht es um die Gleichung $x^2 - 10 = 3x$.

a) Zeige, dass $x = -2$ in der Grundmenge $\mathbb{G} = \mathbb{Q}$ Lösung dieser Gleichung ist. /1

b) Gib eine Grundmenge an, bezüglich derer $x = -2$ keine Lösung der obigen Gleichung ist. /1

Aufgabe 71 /2

Gib zu der gezeichneten Waage eine passende Gleichung an und löse sie.
(Jede Dose wiegt gleich viel und jedes Wägestück wiegt 100 g.)

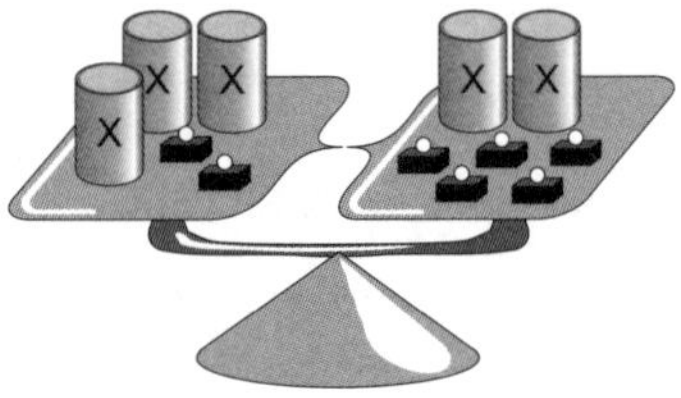

Aufgabe 72 /2

Berechne die Lösung der folgenden Gleichung (Grundmenge $\mathbb{Q}$).
$25x - 15 = 45x + 35$

Aufgabe 73

Welche der folgenden Umformungen ist **keine** Äquivalenzumformung? Kreuze an!

☐ Division beider Seiten der Gleichung durch 10.
☐ Multiplikation beider Seiten der Gleichung mit 0.
☐ Subtraktion der Zahl 2 von beiden Seiten der Gleichung.
☐ Subtraktion des Terms 2x von beiden Seiten der Gleichung.
☐ Subtraktion des Terms x^2 von beiden Seiten der Gleichung.

Aufgabe 74

Erkläre, welche Fehler bei der Lösung der folgenden Gleichungen gemacht worden sind.

a) $7x = 28 \quad |-7$

  $x = 21$

b) $10x + 15 = 100 \quad |:10$

  $x + 15 = 100 \quad |-15$

  $x = -85$

Aufgabe 75

Bestimme die Lösungsmenge in der Grundmenge $\mathbb{Q}$.

$$\frac{1}{2} - 2\left(x + \frac{1}{6}\right) = \frac{1}{2}\left(\frac{1}{3} - 4x\right)$$

Übungstest 9: Gleichungen — Aufgaben

Aufgabe 76

a) Bestimme die Lösungsmenge der Gleichung $\frac{2}{3}x = \frac{5}{6}$, $\mathbb{G} = \mathbb{Q}$.

....

....

b) Ändere in der Gleichung aus Teilaufgabe a) **eine** der Zahlen $\frac{2}{3}$ und $\frac{5}{6}$ so ab, dass die abgeänderte Gleichung (in $\mathbb{G} = \mathbb{Q}$) **unlösbar** ist.

....

Aufgabe 77

Bestimme die Lösungsmenge, indem du die linke Seite der Gleichung zunächst in ein Produkt verwandelst.
$x^2 - 6x = 0$ ($\mathbb{G} = \mathbb{Q}$)

....

....

Aufgabe 78

Genau eine der angegebenen Zahlen löst die Gleichung $x^3 = -357\,911$ ($\mathbb{G} = \mathbb{Q}$). Welche?

☐ $x = -9$ ☐ $x = -791$ ☐ $x = 71$ ☐ $x = -71$ ☐ $x = -70$

Aufgabe 79

Im rechtwinkligen Dreieck ABC ist der Winkel β fünfmal so groß wie α.
Stelle eine Gleichung für α auf und berechne α und β.

....

....

....

Aufgabe 80

Verlängert man in einem Quadrat mit der Seite x cm die eine Quadratseite um 2 cm und verkürzt gleichzeitig die andere Quadratseite um 1 cm, so entsteht ein Rechteck, das den gleichen Flächeninhalt wie das Quadrat hat.

a) Stelle eine Gleichung für x auf und löse sie.

....

....

....

....

b) Um wie viel Prozent ist der Umfang des Rechtecks größer als der des Quadrats?

....

....

....

....

Bayerischer Mathematik Test 8. Jahrgangsstufe
Übungstest 10: Dreiecke

Aufgabe 81

Auf einer Anhöhe der Theresienwiese in München steht die Bronzestatue der „Bavaria". Sie wurde von Ludwig Schwanthaler entworfen, von Ferdinand von Miller im Jahre 1850 vollendet und galt seinerzeit als technische Meisterleistung. Um die Höhe der Statue zu bestimmen, hat Astrid einige Messungen durchgeführt und in eine Planfigur eingetragen.

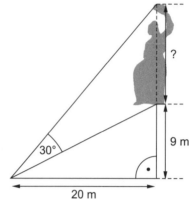

a) Bestimme die Höhe der Statue durch Zeichnung der beiden in der Planfigur erkennbaren Teildreiecke. (1 m in Wirklichkeit entspreche einem Kästchen in der Zeichnung.)

/ 2

b) Gin in Kurzform die beiden Kongruenzsätze an, die zu den Dreieckskonstruktionen passen.

/ 1

....

Aufgabe 82

Richtig oder falsch? Kreuze an!

Wenn zwei Dreiecke in allen drei Seiten übereinstimmen, dann sind sie kongruent. ☐ richtig ☐ falsch

Aus drei gegebenen Streckenlängen a, b und c kann man immer ein Dreieck ABC mit a, b und c als Seiten konstruieren. ☐ richtig ☐ falsch

Wenn zwei Dreiecke in allen drei Winkeln übereinstimmen, dann sind sie kongruent. ☐ richtig ☐ falsch

Aus drei gegebenen Winkeln α, β und γ kann man immer ein Dreieck ABC mit α, β und γ als Innenwinkel konstruieren. ☐ richtig ☐ falsch

Aufgabe 83

a) Konstruiere zwei nicht kongruente Dreiecke ABC_1 und ABC_2, die in c = 7 cm, dem Winkel $\beta = 40°$ und der Seite b = 5 cm übereinstimmen. (Der 40°-Winkel kann einfach angetragen werden.)

b) Formuliere den Kongruenzsatz SsW in Worten und erkläre, warum kein Widerspruch zur Konstruktion in Teilaufgabe a besteht.

....

....

....

....

Aufgabe 84

Wähle aus den Begriffen „Radius, Hypotenuse, Kathete, Basis, Schenkel, Grundseite" geeignete aus und beschrifte damit die beiden Figuren.

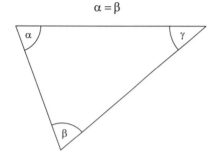

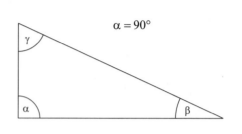

Aufgabe 85

Das gezeichnete Dreieck ABC ist gleichschenklig mit einem 36° großen Winkel an der Spitze C. Um B als Mittelpunkt wurde ein Kreis gezeichnet, der durch A geht und [AC] im Punkt D schneidet.

a) Berechne den Winkel α.

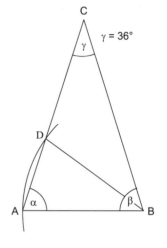

b) Zeige durch Berechnung geeigneter Winkel, dass das Dreieck BDC gleichschenklig ist.

Aufgabe 86

a) Konstruiere (mit Zirkel und Lineal allein) einen Winkel von 30°. /2

b) Begründe deine Konstruktion. /1

....

....

....

....

Aufgabe 87 /2

Finde durch Konstruktion einen Punkt C, der von der Strecke [AB] einen Abstand von 3 cm hat und von dem aus man die Strecke [AB] unter einem Winkel von 90° sieht.
Beschrifte die Konstruktion so, dass man deinen Lösungsweg erkennen kann.

A ⊢―――――――――――――――――――⊣ B

Aufgabe 88

Konstruiere (mit Hilfe von Zirkel und Lineal allein) den Punkt C so, dass das Dreieck ABC gleichschenklig und rechtwinklig wird.

a) Benutze dazu einen Thaleskreis.

A ⊢───────────────────────⊣ B

b) Konstruiere gemäß Kongruenzsatz WSW.

A ⊢───────────────────────⊣ B

Aufgaben Übungstest 10: Dreiecke

Aufgabe 89 /1

Konstruiere die Tangenten an den Kreis K, die durch P gehen. Beschrifte die Konstruktion so, dass dein Lösungsweg erkennbar wird.

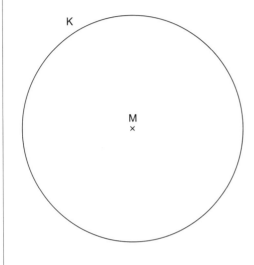

Aufgabe 90 /2

Du möchtest das Viereck ABCD konstruieren. Wie viele Stücke (Seiten, Winkel oder Diagonalen) musst du mindestens kennen, um die Konstruktion eindeutig ausführen zu können?

Gib eine bestimmte Möglichkeit an und erläutere kurz, wie du bei der Konstruktion vorgehst.

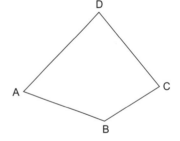

....

....

....

....

....

Bayerischer Mathematik Test 8. Jahrgangsstufe
Lösungen zu den Übungstests

Übungstest 1: Ganze Zahlen

Aufgabe 1

a) $100\,000\,000\,000 = 10^{11}$

b) $4 \cdot 10^{13}$ km

Hinweise und Tipps

100 Milliarden = 100 000 Millionen = 100 000 000 000.
$10^{11} = 10 \cdot 10 \cdot 10 \cdot 10 \cdot 10 \cdot 10 \cdot 10 \cdot 10 \cdot 10 \cdot 10 \cdot 10$ (11 gleiche Faktoren)

Ein Jahr hat 365 Tage, ein Tag 24 Stunden, eine Stunde 3 600 Sekunden. Die gesuchte Entfernung beträgt also
$4{,}3 \cdot 365 \cdot 24 \cdot 3\,600 \cdot 300\,000$ km $=$

$\underbrace{4{,}3 \cdot 24}_{\approx 100} \cdot 365 \cdot \underbrace{36 \cdot 3}_{\approx 100} \cdot 10^7$ km $\approx 365 \cdot 100 \cdot 100 \cdot 10^7$ km $=$

$365 \cdot 10^{11}$ km $\approx 400 \cdot 10^{11}$ km $= 4 \cdot 10^{13}$ km

Aufgabe 2

a) -3; Veranschaulichung z. B.

b) $-11; +11; -37$

Hinweise und Tipps

Von der Zahl 5 ausgehend, muss man auf der Zahlengeraden 8 Schritte zurück gehen. Man landet bei der negativen Zahl -3.

$13 - 24 = (+13) + (-24) = -11$	Das Negative überwiegt, und zwar um $24 - 13 = 11$.
$-13 + 24 = (-13) + (+24) = +11$	Das Positive überwiegt, und zwar um $24 - 13 = 11$.
$-13 - 24 = (-13) + (-24) = -37$	Verstärkt negativ. Nebenrechnung $13 + 24 = 37$.

Eine mathematisch ganz korrekte Begründung z. B. der letzten Rechnung lautet: Man addiert die negativen Zahlen -13 und -24, indem man ihre *Beträge* (13 und 24) addiert und dem Ergebnis ein Minuszeichen voranstellt. Solche Regeln brauchst du dir aber nicht zu merken. Du kannst dir stattdessen die Zahlengerade vorstellen oder eine sonstige Veranschaulichung suchen (z. B. positive Summanden als Guthaben, negative Summanden als Schulden).

c) -35

Statt die negative Zahl (-25) zu subtrahieren, wird die Gegenzahl $+25$ addiert.
$-15 - (-25) - 45 =$
$-15 + 25 - 45 =$
$10 - 45 = -35$

Ganz allgemein kann die Subtraktion im Bereich der ganzen Zahlen immer auf die Addition vorzeichenbehafteter Zahlen zurückgeführt werden. Diese Betrachtungsweise ist oft von Nutzen.

Aufgabe 3

$15 \cdot (-3) = \mathbf{-45}; \quad (-85) : (-17) = \mathbf{+5}$

Hinweise und Tipps

Bei der Multiplikation und der Division (Punktrechenarten) zweier ganzer Zahlen gelten die Vorzeichenregeln:

Gleiche Vorzeichen ergeben +, verschiedene Vorzeichen ergeben –.

Übungstest 1: Ganze Zahlen — Lösungen

Aufgabe 4

a) **Zuerst wird das Kommutativgesetz der Addition, dann das Assoziativgesetz der Addition angewendet.**

Hinweise und Tipps

Kommutativgesetz (Vertauschungsgesetz) der Addition: $a+b = b+a$.
Assoziativgesetz (Verbindungsgesetz) der Addition: $(a+b)+c = a+(b+c)$.

b) **–700**

Die ausführliche Rechnung in Teilaufgabe a macht durch die viele Schreibarbeit den Rechenvorteil wieder zunichte. Man lässt daher die Rechenzeichen (+) weg und verschiebt die Summanden samt ihrer Vorzeichen. Die eckigen Klammern unter der Rechnung veranschaulichen dies.
$+300 - 141 - 859 = 300 - 141 - 859 = 300 - 1\,000 = -700$

c) **–397 000**

Anwendung von Kommutativ- und Assoziativgesetz der Multiplikation.
$(-125) \cdot (-397) \cdot (-8) = (-397) \cdot (-125) \cdot (-8) = (-397) \cdot 1\,000 = -397\,000$

d) **–170**

Das Distributivgesetz $a \cdot (b+c) = a \cdot b + a \cdot c$ muss hier von „rechts nach links" gelesen werden („Ausklammern").
$17 \cdot 35 - 17 \cdot 45 = 17 \cdot (35 - 45) = 17 \cdot (-10) = -170$

Aufgabe 5

a) **Der Term ist eine Differenz. Der Minuend ist die Zahl 12. Der Subtrahend ist das Produkt aus der Zahl 2 und der 3. Potenz von 5.**

Hinweise und Tipps

Beachte beim Gliedern und Berechnen von Termen die Vereinbarungen zur Rechenreihenfolge: **„Klammer vor Potenz vor Punkt vor Strich!"**
Die Regel „Punkt vor Strich" bedeutet für die vorliegende Aufgabe: ganz am Schluss kommt das Minuszeichen dran, mit anderen Worten: der Term ist eine Differenz.
Die Regel „Potenz vor Punkt" sagt: zuerst die Potenz 5^3 ausrechnen und dann (mit 2) multiplizieren.

Zusammenstellung der Fachbegriffe für das Gliedern von Termen:

Term	a	b	Berechnung
$a+b$	Summe	1. Summand	2. Summand	Addition
$a-b$	Differenz	Minuend	Subtrahend	Subtraktion
$a \cdot b$	Produkt	1. Faktor	2. Faktor	Multiplikation
$a : b$	Quotient	Dividend	Divisor	Division
a^b	Potenz	Basis	Exponent	Potenzierung

b) **–238**

$12 - 2 \cdot 5^3 = 12 - 2 \cdot 5 \cdot 5 \cdot 5 = 12 - 250 = -238$

Aufgabe 6

a) **34**

Hinweise und Tipps

Hier musst du auf alle Fälle die Regel „Punkt vor Strich" beachten, wie immer du auch rechnest.
Variante 1: Term als Differenz deuten
$(-2) \cdot 25 - 7 \cdot (-12) = (-2) \cdot 25 - [7 \cdot (-12)] = -50 - [-84] = -50 + 84 = 34$
Variante 2: Term als Summe deuten
$(-2) \cdot 25 - 7 \cdot (-12) = (-2) \cdot 25 + (-7) \cdot (-12) = -50 + 84 = 34$

b) $36 : (-12) - [36 - (-12)] = \mathbf{-51}$

Beachte bei der Aufstellung des Terms: die **gesamte** Differenz muss abgezogen werden, also ist das Setzen der eckigen Klammer notwendig.
$36 : (-12) - [36 - (-12)] = -3 - [36 + 12] = -3 - 48 = -51$

Lösungen | Übungstest 1: Ganze Zahlen

Aufgabe 7

a) **Wenn eine (natürliche) Zahl größer als 1 nur durch sich selbst und durch 1 teilbar ist, wird sie Primzahl genannt. Die ersten 5 Primzahlen sind: 2, 3, 5, 7 und 11.**

b) $360 = 2^3 \cdot 3^2 \cdot 5$

Hinweise und Tipps

Die natürlichen Zahlen sind: $\mathbb{N} = \{1; 2; 3; \ldots\}$. Die ganzen Zahlen bestehen also aus den natürlichen Zahlen, den zugehörigen Gegenzahlen und der Null.
Beachte, dass die Zahl 1 nicht zu den Primzahlen gerechnet wird.

Übliches Verfahren: Man spaltet zuerst die Zweien als Faktoren ab, dann die Dreien, dann die Fünfen usw. Vergiss nicht, die „erledigten" Faktoren mit abzuschreiben, ansonsten „missbrauchst du das Gleichheitszeichen".
$360 = 2 \cdot 180 = 2 \cdot 2 \cdot 90 = 2 \cdot 2 \cdot 2 \cdot 45 = 2 \cdot 2 \cdot 2 \cdot 3 \cdot 15 = 2 \cdot 2 \cdot 2 \cdot 3 \cdot 3 \cdot 5 = 2^3 \cdot 3^2 \cdot 5$
Arbeitest du mit anderen Zerlegungen, wie z. B. $360 = 36 \cdot 10 = \ldots$, kommst du auf das gleiche Ergebnis, wenn du die Primzahlen noch der Reihe nach ordnest. Würde man die Zahl 1 noch zu den Primzahlen rechnen, wäre die Eindeutigkeit der Primfaktorzerlegung nicht mehr gegeben. Man könnte dann zum Ergebnis eine beliebige Potenz von 1 dazumultiplizieren, z. B. $360 = 1^{2006} \cdot 2^3 \cdot 3^2 \cdot 5$.

Aufgabe 8

a) **9 000 Möglichkeiten**

b) **5 040 Möglichkeiten**

Hinweise und Tipps

Für die Einstellung des ersten Ringes gibt es 9 Möglichkeiten.
Für die Einstellung des zweiten Ringes gibt es 10 Möglichkeiten.
Für die Einstellung des dritten Ringes gibt es 10 Möglichkeiten.
Für die Einstellung des vierten Ringes gibt es 10 Möglichkeiten.
Insgesamt gibt es (Zählprinzip) $9 \cdot 10 \cdot 10 \cdot 10 = 9\,000$ Möglichkeiten.

Für die Einstellung des ersten Ringes gibt es 10 Möglichkeiten.
Für die Einstellung des zweiten Ringes gibt es dann noch 9 Möglichkeiten. (Die Ziffer des ersten Rings darf nicht mehr verwendet werden.)
Für die Einstellung des dritten Ringes gibt es dann noch 8 Möglichkeiten. (Die Ziffern des ersten und zweiten Ringes dürfen nicht mehr verwendet werden.)
Für die Einstellung des vierten Ringes gibt es dann noch 7 Möglichkeiten. (Die Ziffern des ersten, zweiten und dritten Ringes dürfen nicht mehr verwendet werden.)
Insgesamt gibt es (Zählprinzip) $10 \cdot 9 \cdot 8 \cdot 7 = 10 \cdot 9 \cdot 56 = 5\,040$ Möglichkeiten.

Übungstest 2: Fläche

Aufgabe 9

a) **Flächeninhalt jeweils 7 cm², Umfang jeweils 16 cm.**

Hinweise und Tipps

Bestimmung des Flächeninhalts: Wie viele cm-Quadrate (Quadrate mit 1 cm Seitenlänge) braucht man zum Legen oder Überdecken der Buchstaben? Für beide Buchstaben braucht man 7 cm-Quadrate.

Bestimmung des Umfangs: Wie viele cm legt man zurück, wenn man einmal den Rand der Buchstaben umfährt? In beiden Fällen legt man 16 cm zurück.

b) z. B.

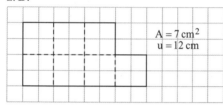

Flächengleiche Figuren können sich im Umfang deutlich unterscheiden. Von allen flächengleichen Rechtecken hat übrigens das Quadrat den geringsten Umfang.

c) $A_K = 9{,}75 \text{ cm}^2$
$= 9\tfrac{3}{4} \text{ cm}^2$

Bei der Flächenmessung des K müssen auch halbe cm-Quadrate und Viertelquadrate herangezogen werden (siehe Skizze).

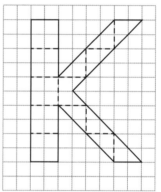

Ein andere, etwas aufwändigere Methode: Das gezeichnete K zu einem Rechteck ergänzen und dann vom Inhalt des Rechtecks den Inhalt der drei Ergänzungsdreiecke abziehen.

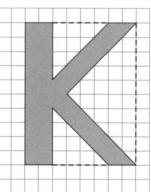

Aufgabe 10

0,7 ha

Hinweise und Tipps

Eine Überschlagsrechnung ergibt für die Rechtecksfläche:
$A_R = 105 \text{ m} \cdot 68 \text{ m} \approx 100 \text{ m} \cdot 70 \text{ m}$
$= 7\,000 \text{ m}^2$
$= 70 \text{ a}$
$= 0{,}7 \text{ ha}$

Die Umrechnungszahl bei Flächeneinheiten ist 100.
$1 \text{ km}^2 = 100 \text{ ha}$, $1 \text{ ha} = 100 \text{ a}$, $1 \text{ a} = 100 \text{ m}^2$, $1 \text{ m}^2 = 100 \text{ dm}^2$,
$1 \text{ dm}^2 = 100 \text{ cm}^2$, $1 \text{ cm}^2 = 100 \text{ mm}^2$.

Lösungen | Übungstest 2: Fläche

Aufgabe 11

200 m

Hinweise und Tipps

Für den Flächeninhalt eines Quadrats der Seitenlänge s gilt $A_Q = s \cdot s$.
Um s zu bestimmen, muss der gegebene Flächeninhalt als Produkt mit zwei gleichen Faktoren (einschließlich der Einheiten) geschrieben werden. Dazu taugt weder die Einheit ha (Hektar) noch die Einheit a (Ar).

$A_Q = 4$ ha
$= 400$ a
$= 40\,000$ m^2
$= 200$ m $\cdot$ 200 m

Hieraus lässt sich die gesuchte Seitenlänge zu s = 200 m ablesen.

Aufgabe 12

a) **8 a;**
Ein Grundstück von 24 a Flächeninhalt wird zu gleichen Teilen auf 3 Erben aufgeteilt.

b) **40 m;**
Berechnung der Breite eines rechteckigen Grundstücks aus seinem Flächeninhalt 24 a und seiner Länge 60 m.

c) **4;**
Berechnung, wie viele Teilgrundstücke von 600 m^2 Inhalt man aus einem Grundstück des Inhalts 24 a gewinnt.

Hinweise und Tipps

Bei einer *Teilung* wird eine Größe (Maßzahl mal Einheit) durch eine reine Zahl dividiert. Dabei wird die Maßzahl durch die Zahl dividiert und die Einheit beibehalten. Das Ergebnis ist eine Größe.

24 a : 60 m = 2 400 m^2 : 60 m = 40 m

Der Flächeninhalt eines Rechtecks berechnet sich nach der Formel:
$A_R = a \cdot b$ („Länge mal Breite"). Die Seite b erhält man demnach durch Division der Fläche durch die Länge: $b = A_R : a$.
Die Division betrifft in diesem Fall auch die Einheiten:
m^2 : m = m $\cdot$ m : m = m.

24 a : 600 m^2 = 2 400 m^2 : 600 m^2 = 4

Bei einer *Messung* wird eine Größe durch eine Größe gleicher Art dividiert. Man fragt sich im Beispiel: Wie oft passen 600 m^2 in 24 a hinein? Bei gleicher Einheit werden die Maßzahlen dividiert und das Ergebnis ist eine reine Zahl.

Aufgabe 13

a) **Maßstab 1 : 200**

b) **Inhalt des Wegs: 30 m^2**

Hinweise und Tipps

Die Länge des Beckens (8 m) ist in der Figur durch eine 4 cm lange Strecke dargestellt. 4 cm in der Zeichnung entsprechen 8 m in der Wirklichkeit.
1 cm in der Zeichnung entsprechen 2 m = **200** cm in der Wirklichkeit.
Maßstab **1 : 200**.

1. Lösung: „Großes Rechteck minus kleines Rechteck"
Länge des großen (äußeren) Rechtecks: 8 m + 2 $\cdot$ 1 m = 10 m
Breite des großen (äußeren) Rechtecks: 5 m + 2 $\cdot$ 1 m = 7 m
Flächeninhalt des Wegs: A = 10 m $\cdot$ 7 m − 8 m $\cdot$ 5 m = 70 m^2 − 40 m^2 = 30 m^2

2. Lösung: „Teilrechtecke addieren" (siehe Zeichnung)
A = 2 $\cdot$ 10 m $\cdot$ 1 m + 2 $\cdot$ 5 m $\cdot$ 1 m = 30 m^2

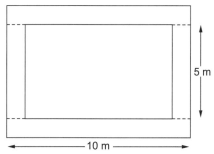

Übungstest 2: Fläche — Lösungen

c) **750 Fliesen**

Inhalt einer Fliese: $A_Q = 20\text{ cm} \cdot 20\text{ cm} = 400\text{ cm}^2 = 4\text{ dm}^2$

Wie oft passen 4 dm² in A = 30 m² hinein? (*Messung*)

$30\text{ m}^2 : 4\text{ dm}^2 = 3\,000\text{ dm}^2 : 4\text{ dm}^2 = 750$.

Du kannst die Rechnung auch mit der Einheit cm² ausführen, aber immer müssen Weginhalt und Flieseninhalt auf **gleiche** Einheit gebracht werden.

Aufgabe 14

10 cm²

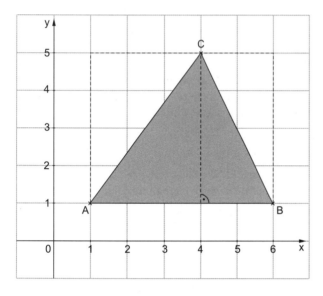

Hinweise und Tipps

Beachte, dass die erste der beiden Koordinaten eines Punkts immer die x-Koordinate (Horizontalkoordinate) ist.

Durch Einzeichnen der Höhe (auf die Seite [AB]) zerfällt das Dreieck ABC in zwei rechtwinklige Dreiecke, die jeweils zu einem Rechteck doppelten Inhalts ergänzt werden. Der Inhalt des Dreiecks ABC beträgt daher

$A_D = 5\text{ cm} \cdot 4\text{ cm} : 2 = 10\text{ cm}^2$.

Aufgabe 15

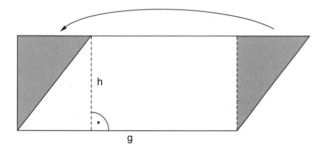

Hinweise und Tipps

Wie beim Dreieck ist die Höhe eine wesentliche Größe für den Flächeninhalt. Die Höhe im Parallelogramm ist der Abstand zweier paralleler Gegenseiten. Sie steht, als Strecke, senkrecht auf beiden Gegenseiten.

Die Umwandlung des Parallelogramms in ein flächengleiches Rechteck erfolgt durch „Abschneiden" eines rechtwinkligen Dreiecks und „Ankleben" auf der gegenüberliegenden Seite. Das Rechteck hat g als Länge und h als Breite.

Die Formel $A_P = g \cdot h$ lautet in Worten: Parallelogrammfläche = Grundseite mal (zugehörige) Höhe.

Aufgabe 16

a) **Man zeichnet in einem der Dreiecke zur Grundseite g die zugehörige Höhe h ein. Nach Messung von g und h kann man die Dreiecksfläche durch $A_D = g \cdot h : 2$ berechnen (Herleitung siehe Aufgabe 6). Die Sechseckfläche ist sechsmal so groß. $A_{Sechseck} = 6 \cdot A_D$.**

Hinweise und Tipps

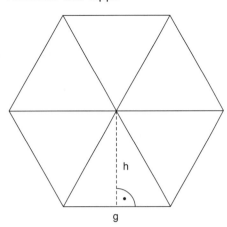

b)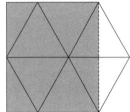

Auf eine genaue Begründung, warum das Abschneiden und Wiederankleben von zwei rechtwinkligen Dreiecken tatsächlich ein Rechteck ergibt, wird hier verzichtet.

Übungstest 3: Brüche

Aufgabe 17

Hinweise und Tipps

a) $\frac{34}{55}$

34 von insgesamt 55 möglichen Feldern leuchten.
Bruchteil (Anteil) = $\frac{\text{Teil}}{\text{Ganzes}}$.

b) **110 Sekunden**

Noch nicht gespeichert sind $55 - 34 = 21$ Fünfundfünfzigstel.
21 Fünfundfünfzigstel entsprechen: 42 s.
1 Fünfundfünfzigstel entspricht: $42\,s : 21 = 2\,s$.
55 Fünfundfünfzigstel entsprechen: $55 \cdot 2s = 110\,s$.

Beachte, dass bei einer Schlussrechnung die gesuchte Größe am Satzende stehen soll.

c) **110 Sekunden**

Noch nicht gespeichert sind $\frac{21}{55}$ der Gesamtzeit, die wir x nennen.

$\frac{21}{55}$ von $x = 42$ Die Einheit Sekunde wird weggelassen.

$\frac{21}{55} \cdot x = 42$ „Bruchteil von ..." = „Bruchteil mal ..."

$x = 42 : \frac{21}{55}$ Teilen durch $\frac{21}{55}$

$x = 42 \cdot \frac{55}{21}$ Statt eine Zahl durch einen Bruch zu dividieren, wird mit dem Kehrbruch multipliziert.

$x = \frac{42}{1} \cdot \frac{55}{21}$ Ganze Zahl als Bruch schreiben.

$x = \frac{2}{1} \cdot \frac{55}{1}$ Vor dem Ausmultiplizieren kürzen (42 gegen 21).

$x = \frac{2 \cdot 55}{1 \cdot 1}$ Zähler mal Zähler, Nenner mal Nenner.

$x = 110$

Aufgabe 18

a) $\frac{6}{15} = \frac{2}{5}$

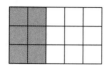

b) $\frac{65}{91} = \frac{5}{7}$

Hinweise und Tipps

Kürzen bedeutet: Zähler **und** Nenner durch die gleiche Zahl, hier die Zahl 3, zu dividieren.
Veranschaulichung: 6 von 15 Quadraten entsprechen 2 von 5 Spalten.

Wenn du beim Kürzen nicht sofort einen gemeinsamen Faktor von Zähler und Nenner entdeckst, solltest du Zähler und Nenner getrennt in Faktoren (möglicherweise Primfaktoren) zerlegen.
$\frac{65}{91} = \frac{5 \cdot 13}{7 \cdot 13} = \frac{5}{7}$.
Sind Zähler und Nenner in **Faktoren** zerlegt, so lassen sich gemeinsame Faktoren streichen (kürzen).

Aufgabe 19

a) $\frac{43}{60}$

Hinweise und Tipps

Vor dem Addieren müssen die beiden Brüche *gleichnamig* gemacht, das heißt auf einen gemeinsamen Nenner erweitert werden. Üblich ist, auf den Hauptnenner zu erweitern (Hauptnenner = kleinstes gemeinsames Vielfaches der Einzelnenner).
Dazu zählst du die Vielfachen des einen Nenners, z. B. 15, auf, bis du auf ein Vielfaches des anderen Nenners stößt:
15, 30, 45, 60, ... Stopp! 60 ist auch Vielfaches von 12!
60 ist also das kleinste gemeinsame Vielfache von 15 und 12.

Erweitern auf Hauptnenner:

$\frac{2}{15} = \frac{2 \cdot 4}{15 \cdot 4} = \frac{8}{60}$ Erweitern mit 4. Zähler mal 4 **und** Nenner mal 4.

$\frac{7}{12} = \frac{7 \cdot 5}{12 \cdot 5} = \frac{35}{60}$ Erweitern mit 5. Zähler mal 5 **und** Nenner mal 5.

Die gesamte Rechnung kann dann so aussehen:
$\frac{2}{15} + \frac{7}{12} = \frac{8}{60} + \frac{35}{60} = \frac{43}{60}$
Falls möglich, soll am Schluss noch gekürzt werden!

b) $5\frac{5}{6}$

Durch Umwandeln der gemischten Zahlen in (unechte) Brüche lässt sich diese Aufgabe wie in a lösen. Es geht aber besser so:

$17\frac{1}{6} - 11\frac{1}{3}$ Echte Brüche auf Hauptnenner erweitern.

$= 17\frac{1}{6} - 11\frac{2}{6}$ Ein Ganzes umwandeln.

$= 16\frac{7}{6} - 11\frac{2}{6}$ Ganze minus Ganze, Zähler minus Zähler. Nenner beibehalten.

$= 5\frac{5}{6}$

Aufgabe 20

$-2{,}6 \quad -1\frac{1}{2} \quad -\frac{13}{52} \quad \frac{13}{52} \quad 1\frac{1}{2} \quad 2{,}6$

Hinweise und Tipps

Diese Aufgabe soll dich an die verschiedenen Arten und Darstellungsformen rationaler Zahlen erinnern. Beachte, dass gekürzte oder erweiterte Brüche dieselbe Bruchzahl darstellen:
$\frac{13}{52} = \frac{1}{4}$.

Lösungen — Übungstest 3: Brüche

Aufgabe 21

a) $\frac{3}{8} = \frac{375}{1\,000} = 0{,}375$

Hinweise und Tipps

Dezimalbrüche, genauer „endliche" Dezimalbrüche sind Brüche mit einer Stufenzahl (Zehnerpotenz) als Nenner.
Wegen $8 = 2 \cdot 2 \cdot 2$ muss man mit $5 \cdot 5 \cdot 5 = 125$ erweitern:
$\frac{3}{8} = \frac{3 \cdot 125}{8 \cdot 125} = \frac{375}{1\,000} = 0{,}375$

b) $\frac{3}{8} = 3 : 8 = 0{,}375$

Jeder Bruch ist Quotient: $\frac{a}{b} = a : b$. b darf nicht Null sein.

Aufgabe 22

[X] $\frac{11}{125}$ [X] $\frac{3}{40}$ [ ] $\frac{1}{9}$

[ ] $\frac{3}{14}$ [X] $\frac{21}{14}$

Hinweise und Tipps

Ein Bruch kann als **endlicher** Dezimalbruch geschrieben werden, wenn er – nachdem er gegebenenfalls gekürzt wurde – im Nenner nur noch Zweien und Fünfen als Faktoren aufweist.

$\frac{11}{125} = \frac{11}{5 \cdot 5 \cdot 5}$ hat nur den Faktor 5 im Nenner
→ endlicher Dezimalbruch

$\frac{3}{40} = \frac{3}{2 \cdot 2 \cdot 2 \cdot 5}$ nur Faktoren 2 und 5 im Nenner
→ endlicher Dezimalbruch

$\frac{1}{9} = \frac{1}{3 \cdot 3}$ Faktor 3 im Nenner
→ kein endlicher Dezimalbruch: $\frac{1}{9} = 0{,}1111\ldots = 0{,}\overline{1}$

$\frac{3}{14} = \frac{3}{2 \cdot 7}$ Faktor 7 im Nenner
→ kein endlicher Dezimalbruch

$\frac{21}{14} = \frac{3}{2} = 1{,}5$ der Bruch konnte mit 7 im Nenner gekürzt werden.
→ endlicher Dezimalbruch

Aufgabe 23

a) **18 Gläser**

Hinweise und Tipps

$4\frac{1}{2} : \frac{1}{4} = \frac{9}{2} : \frac{1}{4} = \frac{9}{2} \cdot \frac{4}{1} = 18$

Division durch Bruch $\frac{1}{4}$ → Multiplikation mit Kehrbruch $\frac{4}{1}$

b) **18 Gläser**

$4\frac{1}{2} : \frac{1}{4} = 4{,}5 : 0{,}25 = 450 : 25 = 18$

Beachte die „gleichsinnige Kommaverschiebung" bei der Division von Dezimalbrüchen. Sowohl bei Dividend 4,5 als auch bei Divisor 0,25 wurde das Komma um zwei Stellen nach rechts verschoben. Man verschiebt das Komma gleichsinnig so weit nach rechts, bis der Divisor eine natürliche Zahl wird.

Aufgabe 24

$-\frac{11}{300}$

Hinweise und Tipps

Hier kann nicht in der Dezimalschreibweise gerechnet werden, weil die Division $0{,}2 \cdot \frac{1}{3} = 0{,}2 : 3$ nicht aufgeht. Also gehen wir zur Zähler/Nenner-Schreibweise über und beachten außerdem „Punkt vor Strich"!

$0{,}03 - 0{,}2 \cdot \frac{1}{3} = \frac{3}{100} - \frac{1}{5} \cdot \frac{1}{3} = \frac{3}{100} - \frac{1}{15} = \frac{9}{300} - \frac{20}{300} = -\frac{11}{300}$

Übungstest 4: Körper — Lösungen

Aufgabe 25

a) **Die relative Häufigkeit ist größer als $\frac{1}{6}$.**

Hinweise und Tipps

$\frac{9}{50} = \frac{27}{150}$; $\frac{1}{6} = \frac{25}{150}$

Bei gleichem Nenner ist derjenige Bruch größer, der den größeren Zähler hat.

b) **Die relative Häufigkeit ist größer als $\frac{1}{6}$.**

$\frac{9}{50} = \frac{18}{100} = 0{,}18$; $\frac{1}{6} = 0{,}16\ldots$

Die zweite Dezimale entscheidet, welche Zahl größer ist.

Aufgabe 26

0,7 mm Seitenlänge

Hinweise und Tipps

Der Flächeninhalt eines Quadrats der Seitenlänge s berechnet sich zu:
$A_Q = s \cdot s$.

Gesucht wird also eine Zahl, die mit sich selbst malgenommen ungefähr den Wert 0,5 ergibt. Ganz in der Nähe der 0,5 liegt $0{,}49 = 0{,}7 \cdot 0{,}7$.
Die gesuchte Seitenlänge ist also $s = 0{,}7$ mm.

Beachte: Bei der Multiplikation zweier Dezimalbrüche multipliziert man zunächst ohne Rücksicht auf das Komma ($7 \cdot 7 = 49$) und gibt dann dem Ergebnis so viele Dezimalen, wie die Faktoren zusammen haben:
(1 Dezimale + 1 Dezimale = 2 Dezimalen).

Übungstest 4: Körper

Aufgabe 27

a)
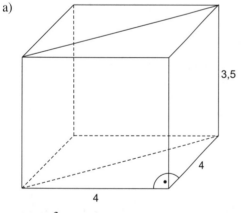

Hinweise und Tipps

Die Ergänzung zu einem Quader gelingt hier sehr leicht, weil die Grundfläche des Prismas ein Dreieck mit einem rechten Winkel ist.

b) **28 cm³**

$V_{Prisma} = \frac{1}{2} \cdot V_{Quader} =$

$\frac{1}{2} \cdot 4\,\text{cm} \cdot 4\,\text{cm} \cdot 3{,}5\,\text{cm} =$ Volumen des Quaders = Länge mal Breite mal Höhe.

$8\,\text{cm}^2 \cdot 3{,}5\,\text{cm} =$ Hier erkennt man: $V_P =$ Grundfläche mal Höhe.

$28\,\text{cm}^3$ Volumeneinheit: Kubikzentimeter!

c) **Mögliche Ergebnisse:**

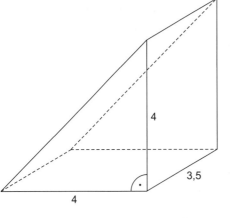

Beachte, dass zueinander parallele Kanten des Körpers auch im Schrägbild als Parallelen dargestellt werden müssen. Kanten, die im Original senkrecht aufeinander stehen, müssen dies im Schrägbild nicht.
Im Schrägbild der Aufgabe a ist die 3,5 cm lange Höhe des Prismas in wahrer Größe dargestellt, in den Schrägbildern der Aufgabe c nicht. Dafür erscheinen in den Schrägbildern der Aufgabe c Grund- und Deckfläche des Prismas in wahrer Größe.

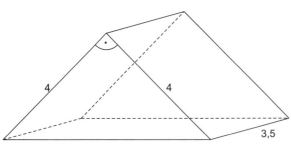

Aufgabe 28

/ Hinweise und Tipps

a) **92 m²**

Alle zu streichenden Flächen sind Rechtecke, deren Inhalt durch „Länge mal Breite" berechnet wird.
Bodenfläche: 8 m · 5 m = 40 m²
Seitenflächen: 2 · 8 m · 2 m + 2 · 5 m · 2 m = 52 m²
Also muss für 40 m² + 52 m² = 92 m² Farbe gekauft werden.

Hier wurde nur ein Teil der Oberfläche eines Quaders berechnet, so dass die Formel O = 2 · (a · b + a · c + b · c) nicht direkt angewendet werden kann. In der Formel bedeuten a, b und c die Kantenlängen des Quaders.

b) **Volumen: 80 000 Liter,
Masse: 80 Tonnen.**

V = 8 m · 5 m · 2 m = 80 m³   Volumen des Quaders = Länge mal Breite mal Höhe
= 80 000 dm³ = 80 000 ℓ   Umrechnungszahl beim Volumen: 1 000
Masse = 80 000 kg = 80 t   1 t = 1 000 kg

c) **2,5 cm**

Hier ist die Formel „Volumen = Grundfläche mal Höhe" anwendbar. Die Höhe berechnet sich demnach durch „Höhe = Volumen : Grundfläche".
Grundfläche: G = 8 m · 5 m = 40 m² = 4 000 dm² (Umrechnungszahl 100!).
Volumen des zufließenden Wassers: V = 1 000 dm³.
Wasserstandshöhe: h = V : G = 1 000 dm³ : 4 000 dm² = 0,25 dm = 2,5 cm.

d) **60 m³ = 60 000 Liter**

1. Lösungsweg:
Das Wasser füllt die Hälfte des ursprünglichen Beckens (gleiche Höhe, halbe Grundfläche) und ein Viertel des ursprünglichen Beckens (halbe Grundfläche und halbe Höhe), das sind
40 m³ + 20 m³ = 60 m³.

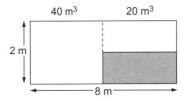

2. Lösungsweg:

Fasse den zu berechnenden „Wasserkörper" als liegendes Prisma mit der Höhe 5 m und der oben gezeichneten (weißen) Fläche als Grundfläche auf. Gegenüber dem „Vollquader" ist die Höhe dann unverändert 5 m lang, die neue Grundfläche beträgt aber nur noch $\frac{3}{4}$ der alten. Also fasst das neue Becken $\frac{3}{4} \cdot 80 \text{ m}^3 = 60 \text{ m}^3$.

Aufgabe 29

a) **Faktor 4**

/ Hinweise und Tipps

Die Oberfläche eines Würfels besteht aus 6 Quadraten. Bei jedem dieser Quadrate wird die Seitenlänge verdoppelt, der Flächeninhalt also vervierfacht (siehe Skizze). Daher vervierfacht sich auch die Oberfläche des Würfels.

b) **Faktor 8**

Wie die Zeichnung zeigt, hat der Würfel mit doppelter Kantenlänge das achtfache Volumen.

Auch eine rein rechnerische Begründung ist möglich:

Das Volumen eines Würfels mit der Kantenlänge s berechnet sich zu $V_W = s \cdot s \cdot s$.

Da sich jeder der drei Faktoren in diesem Produkt verdoppelt, multipliziert sich das Volumen mit $2 \cdot 2 \cdot 2 = 8$.

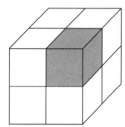

Aufgabe 30

a)

/ Hinweise und Tipps

Das Netz wurde so gezeichnet, dass die Seitenflächen zusammen ein Rechteck bilden. Die Breite 2 cm dieses Rechtecks ist die Höhe des Prismas, die Länge des Rechtecks der Umfang der Grundfläche.
Die Seitenflächen könnten auch an die Grundkanten (3 cm, 5 cm) angehängt werden, wenn genügend Platz wäre.

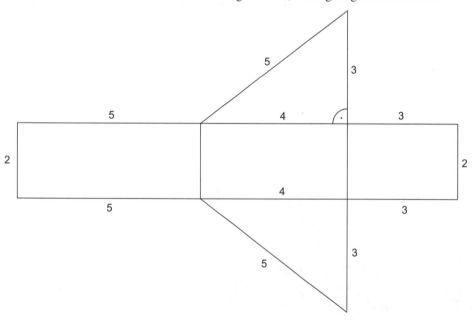

Lösungen	Übungstest 5: Prozent

b) **36 m²**

Die Oberfläche des Prismas ist der Inhalt des ausgebreiteten Netzes.
Die beiden Dreiecke bilden zusammen ein Rechteck des Inhalts
$4 \text{ cm} \cdot 3 \text{ cm} = 12 \text{ cm}^2$.

Die Seitenflächen bilden zusammen ein 12 cm langes und 2 cm breites Rechteck, sein Inhalt ist $12 \text{ cm} \cdot 2 \text{ cm} = 24 \text{ cm}^2$.

Die Oberfläche des Prismas ist also $O = 12 \text{ cm}^2 + 24 \text{ cm}^2 = 36 \text{ cm}^2$.

Aufgabe 31

Die Angabe ist nicht sinnvoll, da Hektar keine Längeneinheit ist.

Wenn Onkel Dagobert *der* Onkel Dagobert ist, könnte sein Geldspeicher 3 000 Kubikmeter Volumen haben.

Hinweise und Tipps

Ein Hektar lässt sich durch ein 100 m mal 100 m-Quadrat veranschaulichen. Onkel Dagobert kann nicht gemeint haben, dass sein Geld drei Quader mit der Kantenlänge 100 m füllt, das ist selbst bei seinem Vermögen nicht drin.

Wenn man Onkel Dagobert kennt, könnte sein Geld 3 000 m³ betragen füllen, das wären 3 Quader von jeweils 10 m Kantenlänge:
$3\,000 \text{ m}^3 = 3 \cdot 10 \text{ m} \cdot 10 \text{ m} \cdot 10 \text{ m}$.

Übungstest 5: Prozent

Aufgabe 32

a) $14\,\% = 0{,}14 = \frac{7}{50}$

b) $\frac{2}{3} \approx 67\,\%$

Hinweise und Tipps

Prozent bedeutet wörtlich „je hundert".
Also gilt: $14\,\% = \frac{14}{100} = 0{,}14$ und $14\,\% = \frac{14}{100} = \frac{7}{50}$ (Kürzen mit 2 möglich).

$\frac{2}{3} = 2 : 3 = 0{,}666\ldots \approx 0{,}67 = \frac{67}{100} = 67\,\%$

Aufgabe 33

a) **7,0 g**

Hinweise und Tipps

In dieser Aufgabe muss aus gegebenem *Grundwert* 7,8 g und *Prozentsatz* 90 % der so genannte *Prozentwert* berechnet werden.

Prozentwert = Prozentsatz vom Grundwert
(vgl. Teil = Bruchteil vom Ganzen)
$90\,\%$ von $7{,}8 \text{ g} = 90\,\% \cdot 7{,}8 \text{ g} = 0{,}9 \cdot 7{,}8 \text{ g} = 7{,}02 \text{ g} \approx 7{,}0 \text{ g}$

Beachte, dass die 0 in 7,0 g nicht weggelassen werden darf, da sie die Rundung auf Zehntelgramm anzeigt. Ob ab- oder aufgerundet wird, bestimmt die erste Dezimale, die **weggelassen** wird, hier also die 2!

b) **1,11 kg Legierung**

Grundwert gesucht!
90 %   vom Grundwert sind 1 kg.   Gesuchte Größe am Satzende!
10 %   vom Grundwert sind $\frac{1}{9}$ kg.   Schluss auf die „Einheit" 10 %.
100 % vom Grundwert sind $\frac{1}{9}$ kg $\cdot$ 10.

$\frac{1}{9} \text{ kg} \cdot 10 = \frac{10}{9} \text{ kg} = 1{,}111\ldots \approx 1{,}11 \text{ kg}$

c) $\mathbf{0{,}9 \cdot x = 1}$

90 % von $x = 1$ Die Einheit wird weggelassen.
90 % $\cdot x = 1$ Anteil von = Anteil mal
$0{,}9 \cdot x = 1$ $90\,\% = \frac{90}{100} = 0{,}9$

Übungstest 5: Prozent — Lösungen

Aufgabe 34

a) **105 g Zucker, entspricht 35 Würfeln.**

Hinweise und Tipps

Prozentwert gesucht!
$10{,}5\% \text{ von } 1000\text{ g} = \frac{10{,}5}{100} \cdot 1000\text{ g} = 10{,}5 \cdot 10\text{ g} = 105\text{ g}$
Anzahl der Würfel: $105\text{ g} : 3\text{ g} = 35$

b) **0,018 %**

Die Zusatzstoffe sind 1,5 % vom Cola.
Koffein ist 1,2 % der Zusatzstoffe.

Einsetzen liefert:
Koffein ist 1,2 % von 1,5 % vom Cola.
$1{,}2\,\% \cdot 1{,}5\,\% = 0{,}012 \cdot 1{,}5\,\% = 0{,}018\,\%$
(Ein %-Zeichen kann wie eine Benennung stehen bleiben.)

Falls du solche Aufgaben noch anschaulicher lösen willst, wählst du eine einfache Ausgangsmenge, z. B. 1000 g Cola und berechnest die Prozentwerte bezüglich der konkreten Grundwerte.

Zusatzstoffe: 1,5 % von 1 000 g = 15 g
Koffein: 1,2 % von 15 g = 0,012 · 15 g = 0,18 g
Anteil am gesamten Cola: $\frac{0{,}18}{1\,000} = \frac{0{,}018}{100} = 0{,}018\,\%$

Aufgabe 35

a) **Die Hochwertachse beginnt nicht bei 0.**

Hinweise und Tipps

Lässt man die Hochwertachse nicht bei 0 beginnen, so können Zuwächse oder Abnahmen einer Größe auffälliger erscheinen, als sie es in Wirklichkeit sind.

b) **50 Tausend verkaufte Fahrzeuge**

Berechnung des Mittelwerts der drei Verkaufszahlen in der Einheit Tausend:
$(49 + 48 + 53) : 3 = 150 : 3 = 50$

c) **Größte Abweichung im Mai, nämlich 6 %.**

Die Mai-Abweichung vom Mittelwert in %:
$\frac{3}{50} = \frac{6}{100} = 6\,\%$.
Das ist nicht so großartig, wie es das Diagramm erscheinen lässt.

Aufgabe 36

a) **Die 25 % beziehen sich auf den ursprünglichen Preis als Grundwert und nicht auf den ermäßigten Preis von 12 €.**

Hinweise und Tipps

Die Graphik veranschaulicht den Fehler, den Carla gemacht hat.

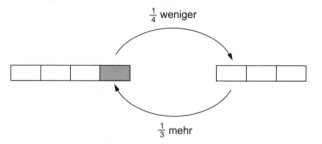

b) **Ursprünglicher Preis: 16 €**

Grundwert ist der ursprüngliche Preis. Ihm entsprechen 100 %.
Ein Preisnachlass von 25 % bedeutet:
Der ermäßigte Preis macht 100 % − 25 % = 75 % vom ursprünglichen Preis aus.

Weiteres Vorgehen mit Hilfe einer Schlussrechnung:

75 % vom Normalpreis =   12 €
25 % vom Normalpreis =   12 € : 3 = 4 €
100 % vom Normalpreis =   4 € · 4 = 16 €

Auch ein Schluss auf 5 % wäre sinnvoll!

Lösungen   Übungstest 5: Prozent

Weiteres Vorgehen mit Hilfe einer Gleichung:
Der ursprüngliche Preis G erfüllt die Gleichung:
$75\,\% \cdot G = 12$ Die Einheit Euro wurde weggelassen.
$\frac{3}{4} \cdot G = 12$
$G = 12 : \frac{3}{4}$ Nebenrechnung: $12 : \frac{3}{4} = \frac{12}{1} \cdot \frac{4}{3} = 4 \cdot 4 = 16$
$G = 16$

Aufgabe 37

500 %

/ Hinweise und Tipps

Dem Grundwert 10 € entsprechen 100 %.
Den 50 € Gewinn entsprechen also $5 \cdot 100\,\% = 500\,\%$.

Aufgabe 38

a) ☐ 1 %   ☐ 5 %   ☒ 9 %
    ☐ 10 %   ☐ 11 %

/ Hinweise und Tipps

Vorsicht! Wechsel des Grundwerts!
Wir nehmen an, ein Liter Diesel habe im März 2005 100 Cent gekostet. 10 % davon sind 10 Cent. Ein Liter Diesel kostete im März 2006 also 110 Cent.
Mit 110 Cent als Grundwert bedeuten die 10 Cent einen Anteil von
$\frac{10}{110} = 1 : 11 = 0{,}0909\ldots \approx 9\,\%$
Diesel kostete im März 2005 ca. 9 % weniger als im März 2006.

b) **26,5 %**

Am übersichtlichsten wird die Rechnung, wenn wir wieder einen bestimmten Grundpreis für ein Liter Diesel, und zwar für den März **2004** ansetzen. Diesmal soll der Liter Diesel im März **2004** 100 Cent gekostet haben.
Im März 2005 hat dieser Liter Diesel dann wegen der 15 %-igen Preissteigerung 115 Cent gekostet.
Bis zum März 2006 kommen noch 10 % von 115 Cent = 11,5 Cent dazu.
Die gesamte Preissteigerung beträgt also 15 Cent + 11,5 Cent = 26,5 Cent.
Über die zwei Jahre gerechnet beträgt die Preissteigerung
$\frac{26{,}5\ \text{Cent}}{100\ \text{Cent}} = 26{,}5\,\%$ (und nicht $10\,\% + 15\,\% = 25\,\%$)

Übungstest 6: Symmetrie

Aufgabe 39

Seeigel:
[X] Achsensymmetrie
[X] Punktsymmetrie

Seestern:
[X] Achsensymmetrie
[ ] Punktsymmetrie

Hinweise und Tipps

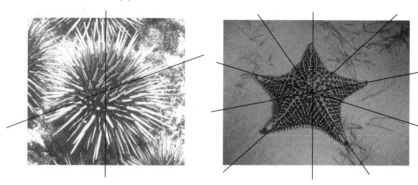

Wenn man es – wie gefordert – nicht so genau nimmt, gibt es beim Seeigel unendlich viele Symmetrieachsen, beim Seestern fünf.

Das „Zentrum" des Seeigels ist Symmetriezentrum, das des Seesterns nicht (eine Halbdrehung führt den Seestern nicht in sich über).

Aufgabe 40

Die ersten Buchstaben des Alphabets, die die geforderten Bedingungen erfüllen sind:

(1) **H**
(2) **A**
(3) **N**
(4) **F**

Hinweise und Tipps

Eine Figur ist **achsensymmetrisch** bezüglich einer Geraden a (Achse), wenn sie bei Spiegelung an dieser Achse in sich übergeht.
Das heißt anschaulich, dass die eine Hälfte der Figur bei Klappen um diese Achse mit der anderen Hälfte zur Deckung kommen muss.

Eine Figur ist **punktsymmetrisch** bezüglich eines Punktes Z (Symmetriezentrum), wenn sie bei Punktspiegelung an Z in sich übergeht.
Anschaulich heißt das: Bei Drehung um 180° (Halbdrehung) kommt die Figur mit sich selbst zur Deckung.

(1) Der Buchstabe H ist achsensymmetrisch und punktsymmetrisch:
Weitere Buchstaben sind I, O, X.

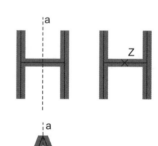

(2) Der Buchstabe A ist achsen-, aber nicht punktsymmetrisch:
Weitere Buchstaben sind B, C, D, E, K, M, T, U, V, W, Y.

(3) Der Buchstabe N ist punkt-, aber nicht achsensymmetrisch:
Weitere Buchstaben sind S und Z.
Keine Symmetrie haben die Buchstaben F, G, J, L, P, Q, R.

Lösungen | Übungstest 6: Symmetrie

Aufgabe 41

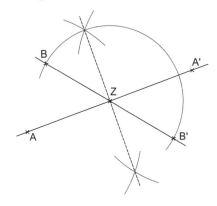

Hinweise und Tipps

Konstruktion von Z:

Das Symmetriezentrum Z ist der **Mittelpunkt** der Strecke [AA']. Dazu wird die Strecke [AA'] mit der Symmetrieachse zu A und A' (Mittelsenkrechte zu [AA']) geschnitten.

Um zwei Punkte der Symmetrieachse zu A und A' zu finden, konstruiert man zwei Kreise um A und A' mit gleichem Radius. Diese Kreise schneiden sich in zwei Punkten der Symmetrieachse (weil diese Schnittpunkte jeweils gleich weit weg von A und A' sind und damit Punkte der Symmetrieachse sein müssen).

Konstruktion von B':

Der Kreis um Z, der durch B geht, schneidet die Gerade BZ in den Punkten B und B'.

Aufgabe 42

Gegenüberliegende Seiten sind parallel und gleich lang.

[X] richtig   [ ] falsch

Alle Seiten sind gleich lang.

[ ] richtig   [X] falsch

Gegenüberliegende Winkel sind gleich groß.

[X] richtig   [ ] falsch

Die Diagonalen sind gleich lang.

[ ] richtig   [X] falsch

Die Diagonalen halbieren sich gegenseitig.

[X] richtig   [ ] falsch

Die Diagonalen stehen aufeinander senkrecht.

[ ] richtig   [X] falsch

Bewertung:
1 BE Abzug für jede falsche Antwort.

Hinweise und Tipps

Das Symmetriezentrum des punktsymmetrischen Vierecks muss der Schnittpunkt der Diagonalen sein, da jeweils gegenüberliegende Ecken zueinander symmetrisch sein müssen. Dieser Schnittpunkt liegt also in der Mitte zueinander symmetrischer Ecken. Hieraus folgt, dass sich die Diagonalen in einem punktsymmetrischen Viereck halbieren.

Wenn du dir die Punktspiegelung als Halbdrehung vorstellst, erkennst du auch sofort, dass im punktsymmetrischen Viereck gegenüberliegende Seiten gleich lang und parallel und gegenüberliegende Winkel gleich groß sein müssen.

Die übrigen Aussagen sind falsch, wie die folgende Zeichnung eines punktsymmetrischen Vierecks zeigt.

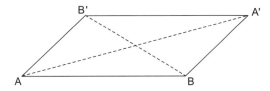

Übrigens:

Jedes Viereck mit parallelen Gegenseiten wird *Parallelogramm* genannt. Jedes punktsymmetrische Viereck ist Parallelogramm und jedes Parallelogramm ist punktsymmetrisch.

Aufgabe 43

a)

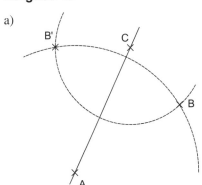

Hinweise und Tipps

Konstruktion des Bildpunkts B':

Es wurden die beiden Kreise um A und C gezeichnet, die jeweils durch B gehen.

57

Übungstest 6: Symmetrie — Lösungen

b) **Die zueinander symmetrischen Punkte B und B' haben von jedem Achsenpunkt die gleiche Entfernung. B' muss also sowohl auf dem Kreis um A durch B als auch auf dem Kreis um C durch B liegen.**

Man hätte statt A und C auch zwei andere Hilfspunkte auf der Achse wählen können.

c) – **[AB] und [AB'] sind gleich lang, ebenso [CB] und [CB'].**
   – **β = β'**
   – **α und γ werden von der Diagonalen [AC] halbiert.**
   – **Die Diagonale [AC] steht auf der Diagonalen [BB'] senkrecht und halbiert diese.**

Die genannten Eigenschaften ergeben sich unmittelbar aus den Grundeigenschaften der Achsenspiegelung: Zueinander symmetrische Strecken sind gleich lang (Längentreue). Zueinander symmetrische Winkel sind gleich groß (Winkeltreue). Die Verbindungsgerade zueinander symmetrischer Punkte wird von der Achse senkrecht halbiert.

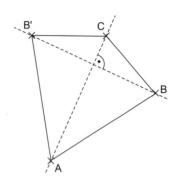

Aufgabe 44

a)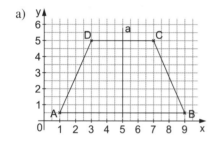

Hinweise und Tipps

Die Symmetrieachse ist die Mittelsenkrechte der Strecke [AB], die mithilfe der Kästchen leicht eingezeichnet werden kann.
D wird so eingezeichnet, dass die Strecke [CD] von der Symmetrieachse senkrecht halbiert wird.

b) *Seiten:*
**Die Grundseiten [AB] und [CD] sind zueinander parallel.
Die Schenkel [AD] und [BC] sind gleich lang.**

Winkel:
**α = β und γ = δ
α und δ ergänzen sich zu 180°,
β und γ ergänzen sich zu 180°.**

Diagonalen:
Die Diagonalen sind gleich lang.

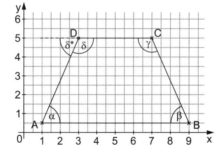

Die *Grundseiten* [AB] und [DC] sind zueinander parallel, weil sie beide als Verbindung zueinander symmetrischer Punkte senkrecht auf der Achse stehen müssen.

Die zueinander symmetrischen Seiten [AD] und [BC], die so genannten *Schenkel*, sind wegen der Längentreue der Achsenspiegelung gleich lang. (Ein mittensymmetrisches Viereck wird auch *gleichschenkliges Trapez* genannt.)

Die zueinander symmetrischen Winkel α und β sind gleich groß. Entsprechendes gilt für γ und δ.

Die Beziehung zwischen α und δ folgt aus den Winkelgesetzen an einer Doppelkreuzung mit parallelen Geraden (hier AB und CD): δ* ist als Wechselwinkel zu α so groß wie dieser. Aus δ* + δ = 180° folgt daher α + δ = 180°. Analog gilt: β + γ = 180°.

Die Diagonalen schließlich sind zueinander symmetrisch und deswegen auch gleich lang.

Aufgabe 45

Jedes Viereck mit genau zwei Symmetrieachsen ist eine Raute.

☐ richtig ☒ falsch

Es gibt kein Viereck mit genau drei Symmetrieachsen.

☒ richtig ☐ falsch

Es gibt kein Dreieck mit genau drei Symmetrieachsen.

☐ richtig ☒ falsch

Es gibt kein Viereck mit genau vier Symmetrieachsen.

☐ richtig ☒ falsch

Bewertung:
1 BE Abzug für jede falsche Antwort.

Hinweise und Tipps

Eine Raute ist ein doppelt-diagonalsymmetrisches Viereck und hat damit zwei Symmetrieachsen. Jedoch hat auch ein doppelt-mittensymmetrisches Viereck (das Rechteck) zwei Symmetrieachsen!

Ein Viereck mit genau drei Symmetrieachsen gibt es nicht. Eine Raute (doppelt diagonalsymmetrisches Viereck) mit einer weiteren Symmetrieachse ist ein Quadrat. Ebenso ist ein Rechteck (doppelt-mittensymmetrisches Viereck) mit zusätzlich einer Diagonalen als Symmetrieachse ein Quadrat. Das Quadrat hat aber genau vier Symmetrieachsen.

Ein Dreieck mit *genau* drei Symmetrieachsen gibt es: das *gleichseitige* Dreieck.

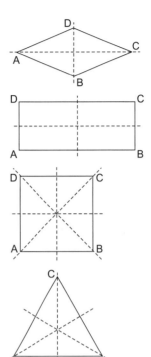

Aufgabe 46

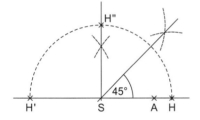

Hinweise und Tipps

Letzten Endes muss der gestreckte Winkel von 180° zweimal halbiert werden.
Die erste Halbierung bedeutet, in S ein Lot auf die Gerade SA zu errichten. Dazu bestimmt man mithilfe eines Kreises um S auf den Schenkeln des gestreckten Winkels zwei Hilfspunkte H und H', die von S gleich weit entfernt sind. Danach konstruiert man die Symmetrieachse zu H und H'. Sie ist das gesuchte Lot auf SA in S. (Da mit S schon ein Punkt der Symmetrieachse bekannt ist, genügt die Konstruktion eines weiteren Achsenpunkts.)
Das Verfahren wiederholt man mit dem entstandenen 90°-Winkel und erhält so den geforderten 45° Winkel.

Aufgabe 47

Von M aus wird das Lot auf die Gerade g gefällt. Der gesuchte Berührpunkt ist der Schnittpunkt des Lots mit der Geraden g.

Hinweise und Tipps

Um ein Lot von M aus auf die Gerade g zu fällen, gibt es zwei Möglichkeiten:

1. Möglichkeit: **M an g spiegeln**

Als Verbindungsstrecke zueinander symmetrischer Punkte steht [MM'] dann auf g senkrecht.

Wie man einen Punkt an einer Achse spiegelt, ist in Aufgabe 43 a) ausführlich erklärt.

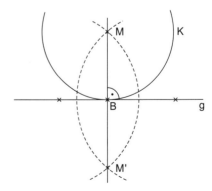

2. Möglichkeit: **Hilfspunkte auf g bestimmen**
Mit Hilfe eines geeigneten Kreises um M verschafft man sich zwei Hilfspunkte H und H' auf g, die von M gleich weit entfernt sind. Die Symmetrieachse zu H und H' ist dann das gesuchte Lot.
(Diese Methode funktioniert auch, wenn „unterhalb" der Geraden g kein Platz ist.)

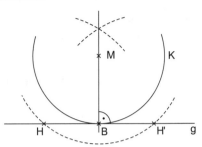

Aufgabe 48

Der gesuchte Punkt S ergibt sich als Schnittpunkt der Mittelsenkrechten des Dreiecks ABC.

Begründung der Konstruktion:
- Alle Punkte auf der Mittelsenkrechten von [AB] sind gleich weit von A und B entfernt.
- Alle Punkte auf der Mittelsenkrechten von [BC] sind gleich weit von B und C entfernt.
- Der Schnittpunkt S dieser beiden Mittelsenkrechten ist demnach gleich weit von allen drei Ecken des Dreiecks entfernt.

✏ Hinweise und Tipps

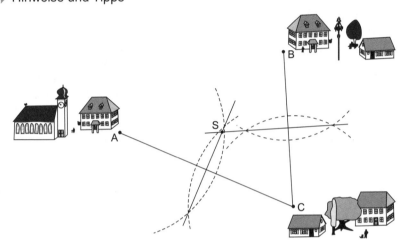

Weiterführende Überlegungen:
In der Begründung der Lösung war S Schnittpunkt der Mittelsenkrechten von [AB] und [BC]. S muss aber zwangsläufig auch auf der dritten Mittelsenkrechten von [AC] liegen, denn: Wer von **allen** drei Ecken des Dreiecks gleich weit entfernt ist, ist insbesondere von A und C gleich weit entfernt und liegt somit auf der Mittelsenkrechten von [AC]. Damit ist klar, dass sich in **jedem** Dreieck die drei Mittelsenkrechten in einem Punkt schneiden, eine nicht selbstverständliche Tatsache.
Du kannst die Genauigkeit deiner Konstruktion dadurch überprüfen, dass du einen Kreis um S durch den Punkt A zeichnest, er müsste dann automatisch auch durch B und C gehen. Dieser Kreis heißt *Umkreis* des Dreiecks.

Aufgabe 49

Man wählt drei (verschiedene) Punkte A, B und C auf dem Kreis. Der Kreis ist dann Umkreis des Dreiecks ABC und man findet den gesuchten Mittelpunkt als Schnittpunkt zweier Mittelsenkrechten des Dreiecks ABC.

✏ Hinweise und Tipps

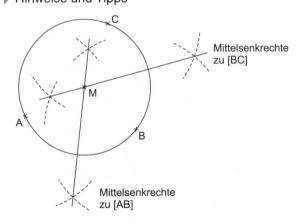

Übungstest 7: Winkel

Aufgabe 50

Die Mittelpunktswinkel betragen:
Elektr. Geräte, Beleuchtung: **18°**
Auto: **126°**
Heizung und Warmwasser: **216°**

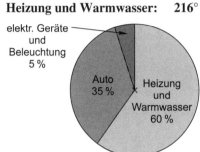

Hinweise und Tipps

Berechnung der Mittelpunktswinkel als Anteile am Vollwinkel 360°:
Elektrische Geräte und Beleuchtung:
5% von $360° = \frac{5}{100}$ von $360° = 5 \cdot 3{,}6° = 18°$.

Genauso kannst du die beiden anderen Mittelpunktswinkel berechnen. Wenn du bemerkst, dass die anderen Prozentsätze Vielfache von 5 sind, kannst du die Rechnung abkürzen:
Auto: $7 \cdot 18° = 126°$
Heizung und Warmwasser: $12 \cdot 18° = 216°$
Probe: Die drei Mittelpunktswinkel müssen zusammen 360° ergeben.

Aufgabe 51

$\alpha = 90°$: **rechter Winkel**
$90° < \alpha < 180°$: **stumpfer Winkel**
$\alpha = 180°$: **gestreckter Winkel**
$\alpha > 180°$: **überstumpfer Winkel**

Hinweise und Tipps

Die folgenden Figuren zeigen Beispiele:

Aufgabe 52

a) **Scheitelwinkel sind gleich groß.**

   $\alpha = \beta$

b) **Nebenwinkel ergeben zusammen 180°.**

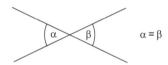 $\alpha + \beta = 180°$

Übungstest 7: Winkel — Lösungen

Aufgabe 53

a)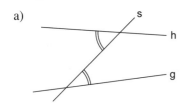

b) **Wichtige Aussagen über Wechselwinkel:**
- Sind bei einer Doppelkreuzung die Geraden g und h parallel, so sind Wechselwinkel gleich groß.
- Treten an einer Doppelkreuzung zwei gleich große Wechselwinkel auf, dann sind die Geraden g und h parallel.

c) gleicher Radius
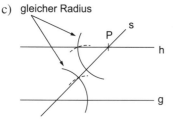

Hinweise und Tipps

Wechselwinkel (und Stufenwinkel) treten an einer *Doppelkreuzung* auf, bei der zwei Geraden g und h von einer dritten Geraden s geschnitten werden. Die beiden Geraden g und h brauchen nicht parallel zu sein.
Eine Definition des Begriffs Wechselwinkel in Worten lautet:
*Wechsel*winkel haben *wechselnde* Lage bezüglich s und auch bezüglich g und h. In unserer Zeichnung bedeutet das:

Wechselnde Lage bezüglich s: Von den markierten Winkeln liegt einer links, der andere rechts von s.

Wechselnde Lage bezüglich g und h: Von den markierten Winkeln liegt der eine *oberhalb* (von g), der andere *unterhalb* (von h).

Die beiden Aussagen werden oft wie folgt zusammengefasst:
„*An einer Doppelkreuzung sind die Geraden g und h genau dann parallel, wenn Wechselwinkel gleich groß sind.*"

Beachte aber, dass die beiden „Teile" dieses Satzes unterschiedlich angewendet werden:

Wenn man weiß, dass g und h parallel sind, gilt die Gleichheit der Wechselwinkel für **alle** denkbaren Paare von Wechselwinkeln. Um g und h als parallel nachzuweisen, genügt es, ein **einziges** Paar gleich großer Wechselwinkel zu entdecken.

- Man legt eine Hilfsgerade s durch P, die g schneidet.
- Zu dem (spitzen) Winkel, den s und g bilden, konstruiert man den zugehörigen, gleich großen Wechselwinkel mit Scheitel in P.
- Weil diese beiden Wechselwinkel gleich groß sind, müssen g und h parallel sein.

Das Übertragen eines Winkels mit Zirkel und Lineal läuft über die Übertragung einer Sehne in zwei Kreisen mit gleich großem Radius:

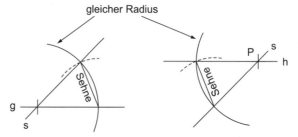

Aufgabe 54

$\beta = 140°$

Hinweise und Tipps

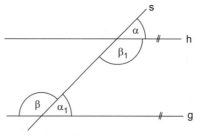

1. Lösungsweg:

$\alpha_1 = \alpha = 40°$ (α_1 und α sind Stufenwinkel an den Parallelen g und h.)

$\beta = 180° - \alpha_1 = 140°$ (β und α_1 sind Nebenwinkel.)

2. Lösungsweg:
$\beta_1 = 180° - \alpha = 140°$ (α und β_1 sind Nebenwinkel.)
$\beta = \beta_1 = 140°$ (β und β_1 sind Wechselwinkel an den Parallelen g und h.)
Es gibt noch etliche weitere Varianten zur Berechnung von β.

Aufgabe 55

$\alpha = \sphericalangle BAC$
$\beta = \sphericalangle CBA$
$\gamma = \sphericalangle ACB$

Hinweise und Tipps

Jeder Winkel lässt sich durch Angabe von drei Punkten festlegen. Bei der Angabe $\alpha = \sphericalangle BAC$ ist der mittlere der drei Punkte (hier A) der Scheitel des Winkels.
Der erste der angegebenen Punkte, hier B, ist ein Punkt des ersten Schenkels. Der erste Schenkel des Winkels wird gegen den Uhrzeigersinn (linksrum) gedreht, bis er auf den zweiten Schenkel des Winkels, hier [AC zu liegen kommt.

Aufgabe 56

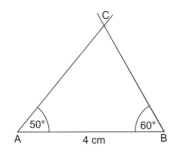

Hinweise und Tipps

Direkt an der gegebenen Seite c liegt nur der Winkel α, der Winkel γ ist Gegenwinkel. Es ist daher zweckmäßig, zunächst den Winkel β mithilfe des „Winkelsummensatzes im Dreieck" auszurechnen:

$\beta = 180° - \alpha - \gamma = 180° - 50° - 70° = 60°$

Die Zeichnung beginnt mit der Strecke [AB], deren Länge ja gegeben ist. Der Punkt C ergibt sich dann als Schnittpunkt der freien Schenkel der Winkel α und β.

Aufgabe 57

a) $\gamma = 135°$

Hinweise und Tipps

Um die Winkelgesetze an einer Doppelkreuzung anwenden zu können, ist es zweckmäßig, einen Wechsel- (oder Stufenwinkel) zu β ins Spiel zu bringen.
Dazu verlängert man DC (oder BC):

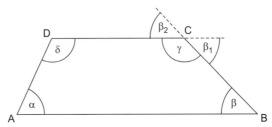

1. Lösungsweg: **Berechnung mithilfe eines Wechselwinkels zu β**
$\beta_1 = \beta = 45°$ (Wechselwinkel an den Parallelen AB und CD)
$\gamma = 180° - \beta_1 = 135°$ (Nebenwinkel)

2. Lösungsweg: **Berechnung mithilfe eines Stufenwinkels zu β**
$\beta_2 = \beta = 45°$ (Stufenwinkel an den Parallelen AB und CD)
$\gamma = 180° - \beta_2 = 135°$ (Nebenwinkel)

Übungstest 7: Winkel — Lösungen

b) $\delta = 115°$

Hast du Aufgabe 57 a zum Beispiel mithilfe eines Wechselwinkels zu β gelöst, kannst du jetzt einen Stufenwinkel zu α benutzen.
Eine ganz andere Methode ist jedoch, den Winkelsummensatz im Viereck heranzuziehen.
Bekanntlich beträgt die Summe aller Innenwinkel im Viereck 360°.
Hieraus folgt:
$$\begin{aligned}\delta &= 360° - (\alpha + \beta + \gamma) \\ &= 360° - (65° + 45° + 135°) \\ &= 360° - 245° \\ &= 115°\end{aligned}$$

Aufgabe 58

(1) $\alpha_1 = \alpha$ (Wechselwinkel an den Parallelen AB und p)

(2) $\beta_1 = \beta$ (Wechselwinkel an den Parallelen AB und p)

$\alpha_1 + \gamma + \beta_1 = 180°$, **denn die drei an der Summe beteiligten Winkel bilden zusammen einen gestreckten Winkel an p.**

Einsetzen gemäß den Gleichungen (1) und (2) liefert $\alpha + \beta + \gamma = 180°$.

Hinweise und Tipps

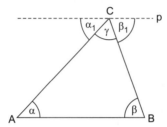

Der Beweis kann auch mithilfe von Stufenwinkeln geführt werden. In der gezeichneten Figur zum Beispiel wird dann ein gestreckter Winkel an der Verlängerung von BC erzeugt.

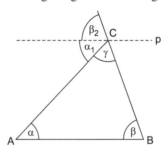

Aufgabe 59

a) **360°**

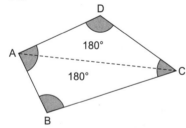

Hinweise und Tipps

Durch das Aufteilen des Vierecks in zwei Dreiecke erkennt man, dass seine Winkelsumme $180° + 180° = 360°$ beträgt.
Die Begründung ergibt sich auch durch Einzeichnen der Viereckdiagonalen BD. Entscheidend ist, dass alle Innenwinkel der beiden Dreiecke im Viereck ABCD auftauchen und umgekehrt.

b) **540°**

Durch 2 Diagonalen, die von einer Ecke ausgehen müssen, wird das 5-Eck in drei Dreiecke zerlegt, deren Innenwinkel zusammen die Innenwinkel des 5-Ecks bilden.
Also beträgt die Winkelsumme im 5-Eck:
$3 \cdot 180° = 540°$

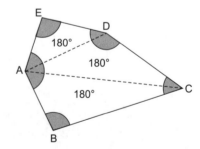

c) $(n-2) \cdot 180°$

Die Überlegung der Teilaufgaben a und b lässt sich leicht verallgemeinern:
- Das 4-Eck wird in 2 Dreiecke zerlegt, die zusammen $2 \cdot 180°$ Winkelsumme haben.
- Das 5-Eck wird in 3 Dreiecke zerlegt, die zusammen $3 \cdot 180°$ Winkelsumme haben.
- Das n-Eck wird in $n-2$ Dreiecke zerlegt, die zusammen $(n-2) \cdot 180°$ Winkelsumme haben.

Aufgabe 60

In der nebenstehenden Figur ist S der Schnittpunkt der Geraden PQ' mit der Bande. Dann gilt
- $\alpha' = \alpha$, denn als zueinander symmetrische Winkel sind α' und α gleich groß.
- $\alpha' = \beta$, denn α' und β sind Scheitelwinkel mit gemeinsamem Scheitel S.

Hieraus folgt: $\alpha = \beta$
Das heißt die Reflexion in S führt dazu, dass die gestoßene Kugel die liegende Kugel in Q trifft.

Hinweise und Tipps

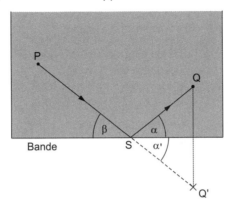

Übungstest 8: Terme

Aufgabe 61

Hinweise und Tipps

a)
Gesprächsdauer in Minuten	0	1	2	...	x
monatliche Kosten in Euro	5	5,3	5,6	...	$5 + 0,3x$

Pro Gesprächsminute sind 0,30 Euro zu zahlen. Bei x Gesprächsminuten macht das $x \cdot 0{,}30$ € aus. Dazu kommt noch die Grundgebühr von 5 Euro. Mögliche Darstellungen des gesuchten Terms:
$5 + x \cdot 0{,}3 = 5 + 0{,}3x = 0{,}3x + 5$.

Beim Aufstellen eines Terms T(x) kann es nützlich sein, für die Variable x zunächst konkrete Zahlen (wie hier $x=0$, $x=1$ und $x=2$) zu setzen und den zugehörigen Termwert auszurechnen. Dann sieht man meist, „wie es läuft".

b) $0{,}5x$ (oder $x \cdot 0{,}5$)

Bei Tarif B ist keine Grundgebühr zu entrichten. Aus der Graphik kannst du zum Beispiel ablesen, dass für 10 Gesprächsminuten 5 Euro zu zahlen sind. Pro Gesprächsminute sind also 0,50 Euro zu zahlen.

Übungstest 8: Terme — Lösungen

c) **Tarif A ist günstiger, wenn (pro Monat) mehr als 25 Gesprächsminuten anfallen. Tarif B ist günstiger, wenn weniger als 25 Gesprächsminuten anfallen.**

Die Graphik zeigt: Bei Tarif A ist zwar eine Grundgebühr zu entrichten, die zusätzlichen Kosten steigen jedoch nicht so stark wie bei Tarif B.

Für 25 Gesprächsminuten sind die monatlichen Kosten bei beiden Tarifen gleich. Wenn man weniger als 25 Gesprächsminuten verbraucht, kommt man bei Tarif B besser weg. Der zu Tarif B gehörige Graph verläuft in diesem Bereich unterhalb des Graphen zu Tarif A.

Verbraucht man mehr als 25 Gesprächsminuten, kommt man bei Tarif A besser weg. In diesem Bereich verläuft der zu A gehörige Graph unterhalb des zu B gehörigen Graphen.

Aufgabe 62

a) $\frac{3}{2}$ (oder $1\frac{1}{2}$ oder $1{,}5$)

Hinweise und Tipps

Berechnung von T(–5) bedeutet, für x die Zahl –5 einzusetzen.
(lies T(–5) als „T von –5")

$$T(-5) = \frac{-5-1}{-5+1} = \frac{-6}{-4} = \frac{6}{4} = \frac{3}{2}$$

b) **Für x = –1 ist der Term nicht definiert, da der Nenner beim Einsetzen von x = –1 gleich Null wird.**

Wenn man es dennoch versucht:

$T(-1) = \frac{-1-1}{-1+1} = \frac{-2}{0}$?? Geht nicht! Durch Null kann man nicht teilen!

Der Zähler darf übrigens durchaus gleich Null werden:

$T(1) = \frac{1-1}{1+1} = \frac{0}{2} = 0 : 2 = 0$

Aufgabe 63

a) 14

Hinweise und Tipps

Beachte beim Einsetzen die richtige Zuordnung: Setze a = –4 und b = 2 und nicht umgekehrt.

$$\begin{aligned} T(-4; 2) &= -4 : 2 - (-4) \cdot 2^2 \\ &= -2 + 4 \cdot 4 \\ &= -2 + 16 \\ &= 14 \end{aligned}$$

b) **Der Term ist eine Differenz. Der Minuend ist der Quotient aus a und b. Der Subtrahend ist das Produkt aus a und dem Quadrat von b.**

Jede Termberechnung setzt eine Gliederung voraus, auch wenn du sie nur für dich „im Kopf" formulierst. Beachte die Vereinbarungen zur Rechenreihenfolge:

„Klammer vor Potenz vor Punkt vor Strich!"

Die Regel „Punkt vor Strich" bedeutet für die vorliegende Aufgabe: ganz am Schluss kommt erst das Minuszeichen dran, mit anderen Worten: der Term ist eine Differenz.

Die Regel „Potenz vor Punkt" sagt: bei dem Teilterm $ab^2 = a \cdot b^2$ ist zuerst zu potenzieren (quadrieren) und erst anschließend zu multiplizieren.

Zur Erinnerung eine Zusammenstellung der Fachbegriffe für das **Gliedern von Termen**:

	Term	a	b	Berechnung
a + b	Summe	1. Summand	2. Summand	Addition
a – b	Differenz	Minuend	Subtrahend	Subtraktion
a · b	Produkt	1. Faktor	2. Faktor	Multiplikation
a : b	Quotient	Dividend	Divisor	Division
a^b	Potenz	Basis	Exponent	Potenzierung

Lösungen   Übungstest 8: Terme

Aufgabe 64

a) $5x - 20x = -15x$;
   $5x(-20x) = -100x^2$

Hinweise und Tipps

Der Term $5x - 20x$ ist eine **Differenz** beziehungsweise eine **Summe** $5x + (-20x)$ aus so genannten *gleichartigen Summanden* $5 \cdot x$ und $(-20) \cdot x$, die sich also nur im Zahlenfaktor, nicht aber in der Variablen x unterscheiden. Solche Summen werden zusammengefasst, indem man die Koeffizienten addiert und die Variable beibehält (Anwendung des Distributivgesetzes):

$5 \cdot x + (-20) \cdot x = [5 + (-20)] \cdot x$
$= -15 \cdot x$

Der zweite Term ist dagegen ein **Produkt,** das durch Umstellen der einzelnen Faktoren berechnet wird (Anwendung von Kommutativ- und Assoziativgesetz). Die ganz ausführliche Umformung (die du normalerweise im Kopf ausführen darfst) geht so:

$5x(-20x) = 5 \cdot x \cdot (-20) \cdot x$
$= 5 \cdot (-20) \cdot x \cdot x$
$= [5 \cdot (-20)] \cdot [x \cdot x]$
$= [-100] \cdot x^2$
$= -100x^2$

b) $ab + 12ab^2$

$5b \cdot 2a - 4a \cdot (-3b^2) - 3b \cdot 3a =$	Regel „Punkt vor Strich" beachten!
$5 \cdot 2 \cdot a \cdot b + (-4) \cdot (-3) \cdot a \cdot b^2 - 3 \cdot 3 \cdot a \cdot b =$	Zahlenfaktoren ausmultiplizieren.
$10ab + 12ab^2 - 9ab =$	Reihenfolge der Summanden vertauschen.
$10ab - 9ab + 12ab^2 =$	Gleichartige Summanden zusammenfassen.
$ab + 12ab^2$	Fertig! Die Summanden sind nicht gleichartig. Unterschiedliche Variablenkombination!

Aufgabe 65

$(-2x)^3$ und $-8x^3$ [X] äquivalent
$(ab)^2$ und a^2b^2 [X] äquivalent

Nur das 1. und 5. Termpaar besteht aus äquivalenten Termen.

Bewertung:
Für jedes falsche oder fehlende Kreuzchen 1 BE Abzug.

Hinweise und Tipps

Zwei Terme $T(x)$ und $T^*(x)$ heißen äquivalent *(bezüglich einer Grundmenge G)*, wenn sie den gleichen Termwert liefern, egal welche Zahl aus G man für x einsetzt. Natürlich muss man in beide Terme für x die gleiche Zahl einsetzen. Jede Umformung eines Terms nach den gültigen Rechengesetzen wie in Aufgabe 4 führt zu einem Term, der zum Ausgangsterm äquivalent ist.

- $(-2x)^3 = (-2x) \cdot (-2x)(-2x) = (-2) \cdot (-2) \cdot (-2) \cdot x \cdot x \cdot x = -8x^3$
  Also sind die Terme $(-2x)^3$ und $-8x^3$ äquivalent.
- Die Terme $T(x) = -2x^2$ und $T^*(x) = 4x^2$ sind nicht äquivalent. Für $x = 1$ liefern sie zum Beispiel nicht den gleichen Termwert, denn $T(1) = -2$ und $T^*(1) = 4$. Beachte, dass $-2x^2 = (-2) \cdot x^2$ nicht zu verwechseln ist mit dem Term $(-2x)^2 = (-2x)(-2x) = 4x^2$.
- Die Terme $x^4 \cdot x^3$ und x^{12} sind nicht äquivalent. Für $x = 0$ und $x = 1$ liefern sie zwar die gleichen Termwerte (die Werte 0 bzw. 1), aber nicht zum Beispiel für $x = 2$.
  $x^4 \cdot x^3 = x \cdot x \cdot x \cdot x \cdot x \cdot x \cdot x = x^7$, äquivalent wären $x^4 \cdot x^3$ und x^7.
- Die Terme $x^4 - x^3$ und x sind nicht äquivalent, was man zum Beispiel durch Einsetzen von $x = 1$ leicht sieht.
- Wegen $(ab)^2 = (ab) \cdot (ab) = a \cdot a \cdot b \cdot b = a^2 \cdot b^2$ sind die Terme $(ab)^2$ und a^2b^2 äquivalent.
- Die Terme $(a + b)^2$ und $a^2 + b^2$ sind nicht äquivalent, was man durch Einsetzen der Zahl 1 für a und b leicht sieht: $(1 + 1)^2 = 2^2 = 4$, $1^2 + 1^2 = 2$.

Übungstest 8: Terme — Lösungen

Aufgabe 66

a) $-2x + \frac{1}{6}$

Hinweise und Tipps

Eine Anwendung des Distributivgesetzes: $a \cdot (b+c) = a \cdot b + a \cdot c$. Beachte, dass der Faktor $\left(-\frac{1}{2}\right)$ mitsamt seinen Vorzeichen „hineinmultipliziert" werden muss. Die ausführliche Rechnung lautet so:

$$-\frac{1}{2}\left(4x - \frac{1}{3}\right) = \left(-\frac{1}{2}\right) \cdot \left[4x + \left(-\frac{1}{3}\right)\right]$$
$$= \left(-\frac{1}{2}\right) \cdot 4x + \left(-\frac{1}{2}\right) \cdot \left(-\frac{1}{3}\right)$$
$$= -2x + \frac{1}{6}$$

b) $1 - x^3$

Hier muss nach dem Motto „Jeder mit jedem" ausmultipliziert werden. Jeder Summand der ersten Klammer wird (samt Vorzeichen) mit jedem Summanden der zweiten Klammer (samt Vorzeichen) multipliziert und die entstehenden Ergebnisse werden addiert.

$(1-x)(1+x+x^2) =$ „Jeder mit jedem"

$1 + x + x^2 - x - x^2 - x^3 =$ Reihenfolge der Summanden vertauschen.

$1 + x - x + x^2 - x^2 - x^3 =$ Gleichartige Summanden zusammenfassen.

$1 - x^3$

Aufgabe 67

a) $6x - 8x^2$ (oder $-8x^2 + 6x$)

Hinweise und Tipps

$-2x^2 - [3x^2 - 3x(2-x)] =$ Den Term in der eckigen Klammer angehen.

$-2x^2 - [3x^2 + (-3x) \cdot (2-x)] =$ Punkt vor Strich beachten. D-Gesetz anwenden.

$-2x^2 - [3x^2 - 6x + 3x^2] =$ Gleichartige Summanden zusammenfassen.

$-2x^2 - [6x^2 - 6x]$ Eckige Klammer „auflösen".

$-2x^2 + (-1) \cdot [6x^2 - 6x] =$ Auflösen einer Klammer: ein Sonderfall des Distributivgesetzes

$-2x^2 - 6x^2 + 6x =$ Gleichartige Summanden zusammenfassen.

$-8x^2 + 6x =$ Schönheitsoperation: Summanden vertauschen.

$6x - 8x^2$

b) a^2

Der Term ist eine Differenz (Punkt vor Strich!). **Alle** Summanden, die sich beim Ausmultiplizieren des Produkts $(2b-a)(2b+a)$ ergeben, müssen abgezogen werden. Empfehlung: zur Sicherheit eine zusätzliche Klammer setzen.

$(-2b)^2 - (2b-a)(2b+a) =$

$(-2b)(-2b) - [(2b-a) \cdot (2b+a)] =$ In der eckigen Klammer: „Jeder mit jedem".

$4b^2 - [4b^2 + 2ba - 2ab - a^2] =$ Wegen $ab = ba$ heben sich zwei Summanden weg.

$4b^2 - [4b^2 - a^2] =$ Faktor (-1) in die eckige Klammer hineinmultiplizieren.

$4b^2 - 4b^2 + a^2 = a^2$

Lösungen | Übungstest 9: Gleichungen

Aufgabe 68

a) **4uv(3v + 5u)**

Hinweise und Tipps

Beim Faktorisieren muss das Distributivgesetz $a \cdot (b+c) = a \cdot b + a \cdot c$ von rechts nach links gelesen werden („Ausklammern"). Dazu müssen gemeinsame Faktoren der gegebenen Summanden gesucht werden.

$12uv^2 + 20u^2v =$ Summanden faktorisieren.
$4uv \cdot 3v + 4uv \cdot 5u =$ Gemeinsamen Faktor 4uv ausklammern.
$4uv(3v + 5u)$

Beachte, dass der erste Schritt, das Faktorisieren der Summanden, noch kein Faktorisieren des Gesamtterms ist. Der Gesamtterm ist nach dem ersten Schritt immer noch eine Summe.

b) **x(x² − x + 1)**

Vorgehen wie bei Aufgabe a). Vorsicht beim letzten Summanden, der sozusagen als Ganzes ausgeklammert wird. In der Klammer bleibt aber nicht der Summand 0, sondern der Summand 1 zurück.

$x^3 - x^2 + x = x \cdot x^2 - x \cdot x + x \cdot 1$
$\qquad\qquad\qquad = x(x^2 - x + 1)$

Aufgabe 69

Sigi teilt das Endergebnis durch 2 und hat damit die gedachte Zahl.

Hinweise und Tipps

Sigi nennt die gedachte Zahl x und stellt einen Term auf:
$T(x) = [(4x + 12) : 2] - 6$
Die Vereinfachung des Terms ergibt

$[(4x + 12) : 2] - 6 =$ Distributivgesetz in der Form
$\qquad\qquad\qquad\qquad$ $(a + b) : c = a : c + b : c$ anwenden.
$[4x : 2 + 12 : 2] - 6 =$ Dividieren. Eckige Klammer weglassen.
$2x + 6 - 6 =$
$2x$

Wenn sich die Testperson nicht verrechnet hat, nennt sie Sigi das Doppelte der gedachten Zahl x.

Übungstest 9: Gleichungen

Aufgabe 70

a) **Linke und rechte Seite der Gleichung stimmen für x = −2 überein, also ist −2 eine Lösung der Gleichung (in $\mathbb{G} = \mathbb{Q}$).**

Hinweise und Tipps

Jede Gleichung ist eine *Frage*. Diese Frage lautet: Welche Zahlen der Grundmenge kann man für die *Lösungsvariable* (*Unbekannte*, hier x) einsetzen, damit links und rechts des Gleichheitszeichens dasselbe herauskommt?

Linke Seite für $x = -2$: $(-2)^2 - 10 = 4 - 10 = -6$
Rechte Seite für $x = -2$: $3 \cdot (-2) = -6$

Linke und rechte Seite stimmen für $x = -2$ überein, also ist −2 eine Lösung dieser Gleichung (in $\mathbb{G} = \mathbb{Q}$). (Ob es noch weitere Lösungen gibt, bleibt ungeklärt.)

b) **z. B. $\mathbb{G} = \mathbb{N}$ oder $\mathbb{G} = \{-1; 0; 1\}$**

In Teilaufgabe b) muss als Grundmenge eine Zahlenmenge gewählt werden, die die Zahl −2 nicht enthält. Die Zahl −2 ist dann von vorne herein vom Einsetzen in die Gleichung ausgeschlossen.

Übungstest 9: Gleichungen — Lösungen

Aufgabe 71

Gleichung: $3x + 200 = 2x + 500$
Lösung: $x = 300$
d. h. jede Dose wiegt 300 g.

Hinweise und Tipps

Eine Waage im Gleichgewicht ist eine gute Veranschaulichung für jede Gleichung. Eine passende Gleichung lautet in diesem Fall $3x + 200 = 2x + 500$.

Die Waage bleibt im Gleichgewicht, wenn man auf der linken und der rechten Waagschale das Gleiche hinzufügt oder wegnimmt. Für die Gleichung bedeutet dies: Die Lösungsmenge ändert sich nicht, wenn man auf der **linken und rechten** Seite der Gleichung die gleiche Zahl addiert oder subtrahiert oder die gleiche Anzahl von Unbekannten addiert oder subtrahiert (*Äquivalenzumformung*).

$3x + 200 = 2x + 500 \quad | -200$ — Subtraktion von 200 auf beiden Seiten der Gleichung. (Auf beiden Waagschalen 200 Gramm wegnehmen.)

$3x = 2x + 300 \quad | -2x$ — Subtraktion von 2x auf beiden Seiten der Gleichung. (Auf beiden Waagschalen 2 Dosen wegnehmen.)

$x = 300$

Jede Dose wiegt also 300 g.
Eine Gleichung, die ebenfalls zu der gezeichneten Balkenwaage passt, lautet $3x + 2 = 2x + 5$.

Aufgabe 72

$x = -2{,}5$

Hinweise und Tipps

Die Gleichung wird durch geeignete Äquivalenzumformungen gelöst.

$25x - 15 = 45x + 35 \quad | +15$ — Addition von 15 auf beiden Seiten der Gleichung. Dadurch erreichst du, dass auf der linken Seite keine „blanken" Zahlen mehr stehen.

$25x = 45x + 50 \quad | -45x$ — Subtraktion von 45x auf beiden Seiten der Gleichung. Danach kommt x nur noch auf der linken Seite der Gleichung vor.

$-20x = 50 \quad | : (-20)$ — Division beider Gleichungsseiten durch -20. Beachte: $-20x = (-20) \cdot x$. Der Faktor bei x wird also wegdividiert.
$(-20) \cdot x : (-20) = x \cdot (-20) : (-20) = x$

$x = -2{,}5$ — $x = -\frac{5}{2}$ ist auch eine mögliche Schreibweise.

Bemerkung: Du kannst die Umformung auch mit der Subtraktion von 25x auf beiden Seiten der Gleichung beginnen.

Aufgabe 73

☐ Division beider Seiten der Gleichung durch 10.

☒ Multiplikation beider Seiten der Gleichung mit 0.

☐ Subtraktion der Zahl 2 von beiden Seiten der Gleichung.

☐ Subtraktion des Terms 2x von beiden Seiten der Gleichung.

☐ Subtraktion des Terms x^2 von beiden Seiten der Gleichung.

Hinweise und Tipps

Wenn man eine Zahl oder einen Term mit Null multipliziert, kommt auf jeden Fall Null heraus. Multiplizieren beider Seiten einer Gleichung mit Null ergibt stets die Gleichung $0 = 0$, die für alle Zahlen der Grundmenge erfüllt ist.
Im Allgemeinen hat sich damit die Lösungsmenge der ursprünglichen Gleichung radikal geändert: keine Äquivalenzumformung!

Äquivalenzumformungen, die du kennen solltest:
Auf beiden Seiten der Gleichung ...
- ein und dieselbe Zahl addieren oder subtrahieren,
- mit ein und derselben Zahl ungleich Null multiplizieren oder durch ein und dieselbe Zahl ungleich Null dividieren,
- ein und denselben Term addieren oder subtrahieren.

Lösungen · Übungstest 9: Gleichungen

Aufgabe 74

a) $7x-7 \neq x$

b) $(10x+15):10 \neq x+15$

Hinweise und Tipps

Es ist nicht falsch, sondern nur ungeschickt, auf beiden Seiten der Gleichung die Zahl 7 zu subtrahieren. Falsch ist aber die Umformung $7x-7=x$.

Bei der Division der linken Seite durch 10 wurde das Distributivgesetz nicht richtig angewendet. **Jeder** Summand der Summe $10x+15$ muss durch 10 dividiert werden. Richtig wäre also
$(10x+15):10 = 10x:10 + 15:10 = x+1{,}5$.
Die weitere Umformung der Gleichung ergäbe dann
$$x+1{,}5 = 10 \quad |-1{,}5$$
$$x = 8{,}5$$

Aufgabe 75

$\mathbb{L} = \mathbb{Q}$

Hinweise und Tipps

$\frac{1}{2} - 2\left(x+\frac{1}{6}\right) = \frac{1}{2}\left(\frac{1}{3}-4x\right)$ — Die Terme auf beiden Seiten vereinfachen (D-Gesetz).

$\frac{1}{2} - 2x - \frac{1}{3} = \frac{1}{6} - 2x$ — Die Brüche auf der linken Seite zusammenfassen.

$\frac{1}{6} - 2x = \frac{1}{6} - 2x$ — Die Terme auf der linken und rechten Seite sind gleich!

$\mathbb{L} = \mathbb{Q}$

Die Gleichung ist *allgemeingültig*, das heißt, jede Zahl der Grundmenge ist Lösung.

Aufgabe 76

a) $x = 1{,}25$
(bzw. $x = \frac{5}{4}$ bzw. $x = 1\frac{1}{4}$)

b) $0 \cdot x = \frac{5}{6}$

Hinweise und Tipps

$\frac{2}{3}x = \frac{5}{6} \quad | \cdot \frac{3}{2}$ — Gleichbedeutend: Division durch $\frac{2}{3}$.

$x = \frac{5}{6} \cdot \frac{3}{2}$ — Kürzen mit 3.

$x = \frac{5}{4}$

Wie die Rechnung in Teilaufgabe a) zeigt, ergibt sich immer eine eindeutige Lösung, solange durch den Faktor bei x dividiert werden kann. Also muss dieser Faktor zu 0 abgeändert werden.
Die Gleichung $0 \cdot x = \frac{5}{6}$ hat keine Lösung, denn egal, was man für x einsetzt, auf der linken Seite kommt immer Null heraus und nicht $\frac{5}{6}$.

Aufgabe 77

$x(x-6) = 0$
$\mathbb{L} = \{0;\ 6\}$

Hinweise und Tipps

$x^2 - 6x = 0$ — Ausklammern von x (Anwendung des D-Gesetzes)
$x \cdot (x-6) = 0$ — **Einer** der beiden Faktoren auf der linken Seite muss Null ergeben.
$x = 0$
oder $x = 6$

Führe zum vollen Verständnis noch die Probe aus:
Für $x=0$: $\ 0 \cdot (0-6) = 0 \cdot (-6) = 0$.
Für $x=6$: $\ 6 \cdot (6-6) = 6 \cdot 0 = 0$.

Übungstest 9: Gleichungen — Lösungen

Aufgabe 78

x = –71

Hinweise und Tipps

Gesucht ist eine Zahl, die dreimal mit sich selbst malgenommen die negative Zahl –357 911 ergibt. Ein Lösungsverfahren für eine solche Gleichung kennst du nicht. Jede der angebotenen Lösungen dreimal mit sich selbst malzunehmen, ist zu aufwändig. Die richtige Lösung findest du am leichtesten durch ein Ausschlussverfahren:
- –9 ist (vom Betrag her) zu klein, –791 (vom Betrag her) zu groß.
- 71 ist eine positive Zahl, kann also, dreimal mit sich selbst multipliziert, keine negative Zahl ergeben.
- –70 schließlich ergibt, dreimal mit sich selbst multipliziert, sicher eine Zahl mit einer Null (sogar 3 Nullen) am Ende.
- Also muss –71 die gesuchte Lösung der Gleichung sein (und ist es auch!).

Aufgabe 79

$\alpha = 15°$, $\beta = 75°$

Hinweise und Tipps

$\alpha + \beta + 90° = 180°$ Winkelsumme im Dreieck!

$\alpha + 5\alpha + 90° = 180°$ β ist fünfmal so groß wie α, d. h. $\beta = 5\alpha$.

$6\alpha + 90° = 180°$ $|-90°$ Zusammenfassen. Auf beiden Seiten 90° subtrahieren.

$6\alpha = 90°$ $|:6$ Beide Seiten durch 6 dividieren.

$\alpha = 15°$

$\beta = 5\alpha = 5 \cdot 15° = 75°$.

Aufgabe 80

a) x = 2

Gleichung: $x^2 = (x+2)(x-1)$
Lösung: $x = 2$

Hinweise und Tipps

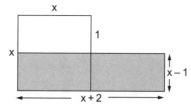

Das Rechteck hat die Seiten $x + 2$ und $x - 1$ (in der Einheit cm).

$x^2 = (x+2) \cdot (x-1)$ Die Gleichung drückt die Flächengleichheit aus.

$x^2 = x^2 - x + 2x - 2$ Rechte Seite ausmultiplizieren („Jeder mit jedem").

$x^2 = x^2 + x - 2$ $|-x^2$ Zusammenfassen. Auf beiden Seiten x^2 subtrahieren.

$0 = x - 2$ $|+2$

$2 = x$

Die Seitenlänge des Quadrats ist 2 cm.

Lösungen — Übungstest 10: Dreiecke

b) **25 %**

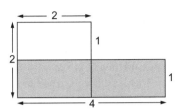

Umfang des Quadrats: $U_Q = 4 \cdot 2 \text{ cm} = 8 \text{ cm}$
Umfang des Rechtecks: $U_R = 2 \cdot 4 \text{ cm} + 2 \cdot 1 \text{ cm} = 10 \text{ cm}$

Der Umfang des Rechtecks ist also um 2 cm größer als der des Quadrats, das sind
$\frac{2}{8} = \frac{1}{4} = \frac{25}{100} = 25 \%$.

Bemerkung: Das Quadrat hat von allen flächengleichen Rechtecken den kleinsten Umfang.

Übungstest 10: Dreiecke

Aufgabe 81

a) **Die Statue hat eine Höhe von 18,5 m.**

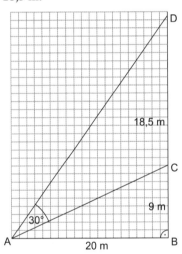

b) **Dreieck ABC nach SWS, Dreieck ACD nach WSW.**

Hinweise und Tipps

Dreieck ABC wird aus den Seiten [AB] und [BC] und dem dazwischen liegenden 90°-Winkel nach SWS gezeichnet.
Danach ist [AC] bekannt. Ebenfalls bekannt ist der Winkel DCA, da die Statue ja die geradlinige Verlängerung von BC bildet. Zusammen mit Winkel CAD = 30° erfolgt die Konstruktion nach dem Kongruenzsatz WSW (eine Seite und die beiden anliegenden Winkel).
Die Länge der Strecke [CD] ergibt die Höhe der Statue.

Aufgabe 82

Wenn zwei Dreiecke in allen drei Seiten übereinstimmen, dann sind sie kongruent.

[X] **richtig**   [ ] **falsch**

Hinweise und Tipps

Dies ist gerade der Kongruenzsatz SSS.

Aus drei gegebenen Streckenlängen a, b und c kann man immer ein Dreieck ABC mit a, b und c als Seiten konstruieren. ☐ richtig ☒ falsch	Damit man aus gegebenen Streckenlängen ein Dreieck konstruieren kann, müssen die so genannten Dreiecksungleichungen erfüllt sein: jede Seite im Dreieck ist kürzer als die Summe der beiden anderen. (Klar, ansonsten wäre ja ein Umweg kürzer als die direkte Verbindung.) Zum Beispiel ist aus c = 1 km, a = b = 1 cm sicher kein Dreieck ABC konstruierbar. 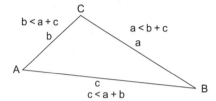
Wenn zwei Dreiecke in allen drei Winkeln übereinstimmen, dann sind sie kongruent. ☐ richtig ☒ falsch	Die Größe eines Dreiecks ist durch die drei Winkel noch nicht festgelegt. Siehe das Bild unten: Es zeigt zwei unterschiedlich große „GEO-Dreiecke". Die beiden Dreiecke stimmen in allen Winkeln überein (zweimal 45° und 90°), sind aber sicher nicht kongruent (deckungsgleich). 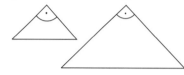
Aus drei gegebenen Winkeln α, β und γ kann man immer ein Dreieck ABC mit α, β und γ als Innenwinkel konstruieren. ☐ richtig ☒ falsch	Das gewünschte Dreieck kann man nur konstruieren, wenn die Winkelgrößen zusammen 180° ergeben. Zum Beispiel gibt es kein Dreieck mit drei rechten Winkeln.

Aufgabe 83

a)

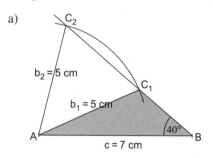

Hinweise und Tipps

Die fehlenden Eckpunkte C_1 und C_2 der gesuchten Dreiecke ergeben sich als Schnittpunkte des Kreises mit Mittelpunkt A und Radius b = 5 cm mit dem freien Schenkel des Winkels β. (Da ein Winkel von 40° ohnehin nicht mit Zirkel und Lineal konstruiert werden kann, darfst du diesen Winkel mit Hilfe des GEO-Dreiecks antragen.)

b) **SsW: Wenn zwei Dreiecke in zwei Seiten und dem Gegenwinkel der größeren der beiden gegebenen Seiten übereinstimmen, dann sind sie kongruent. In Teilaufgabe a sind zwei Seiten und ein Winkel gegeben, aber der Winkel ist der Gegenwinkel der *kleineren* der beiden Seiten.**

In Teilaufgabe a ging es um die Konstruktion eines Dreiecks ABC aus c = 7 cm, b = 5 cm und β = 40°. β ist der Gegenwinkel der kleineren Seite b. In diesem Fall ist die Konstruktion nicht eindeutig, das heißt, es gibt zwei nicht kongruente Lösungsdreiecke. Sucht man ein Dreieck ABC mit unverändertem c und β, aber mit b = 8 cm (also b > c), dann findet man (bis auf dazu kongruente) nur ein einziges. Der Kreis um A mit Radius 8 cm würde den freien Schenkel des Winkels β dann nur einmal schneiden. Das ist letzten Endes die Aussage des Kongruenzsatzes SsW.

Aufgabe 84

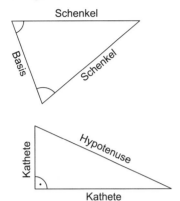

Hinweise und Tipps

Sind in einem Dreieck zwei Seiten gleich lang, dann heißen diese *Schenkel* des Dreiecks und das Dreieck heißt *gleichschenklig*. Die dritte Seite heißt dann *Basis* oder *Grundseite*.
In der nebenstehenden Figur erkennt man die Gleichschenkligkeit des Dreiecks aus der Angabe $\alpha = \beta$.
Es gilt nämlich der wichtige „Satz vom gleichschenkligen Dreieck":
Ein Dreieck hat genau dann zwei gleich lange Seiten, wenn es zwei gleich große Winkel hat.
Die beiden gleich großen Winkel im gleichschenkligen Dreieck werden auch *Basiswinkel* genannt.
Hat ein Dreieck einen rechten Winkel (90°-Winkel), wird es rechtwinklig genannt. Diesem 90°-Winkel liegt als größtem Winkel auch die größte Seite des rechtwinkligen Dreiecks gegenüber. Sie wird *Hypotenuse* genannt. Diejenigen Seiten, die den rechten Winkel einschließen, heißen *Katheten*.

Aufgabe 85

a) $\alpha = 72°$

Hinweise und Tipps

Das Dreieck ABC ist gleichschenklig mit Basis [AB], also sind die Basiswinkel α und β des Dreiecks gleich groß (eine Richtung des Satzes vom gleichschenkligen Dreieck).
Zusammen mit γ, dem Winkel an der Spitze, müssen die Basiswinkel 180° ergeben (Winkelsumme im Dreieck).
Also gilt:
$\alpha = (180° - 36°) : 2$
$= 144° : 2$
$= 72°$

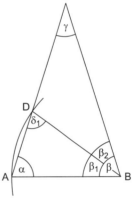

b) **Die Gleichschenkligkeit des Dreiecks BDC folgt aus $\beta_2 = \gamma = 36°$ ($\beta_2 = \sphericalangle CBD$)**

$\overline{BA} = \overline{BD}$	A und D liegen auf dem Kreis mit Mittelpunkt B.
$\Rightarrow \alpha = \delta_1 = 72°$	Satz vom gleichschenkligen Dreieck.
$\beta_1 = 180° - 2 \cdot 72°$ $= 36°$	Winkelsumme im Dreieck ABD.
$\beta_2 = \beta - \beta_1$ $= 72° - 36°$ $= 36°$	$\beta = \alpha$ wegen der Gleichschenkligkeit von ABC.
$\Rightarrow \beta_2 = \gamma$	$\gamma = 36°$ war vorausgesetzt!
$\Rightarrow \overline{BD} = \overline{CD}$	Satz vom gleichschenkligen Dreieck.

Aufgabe 86

a)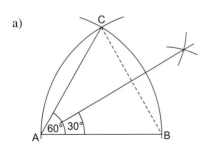

Hinweise und Tipps

Zunächst wird ein gleichseitiges Dreieck ABC konstruiert. Man beginnt mit einer Strecke [AB] beliebiger Länge. Die dritte Ecke C des gleichseitigen Dreiecks ist einer der Schnittpunkte der Kreise um A beziehungsweise B, jeweils mit Radius $r = \overline{AB}$.
Zur Halbierung des Winkels α wird die Symmetrieachse zu den Punkten B und C konstruiert. Kreise um B und C mit gleichem Radius schneiden sich in einem Punkt dieser Symmetrieachse. Ein weiterer Punkt der Symmetrieachse ist A.

b) **Man konstruiert zunächst ein Dreieck mit lauter gleich langen Seiten (gleichseitiges Dreieck). Jeder Innenwinkel dieses Dreiecks misst 60°. Durch Halbierung dieses Winkels erhält man einen 30°-Winkel.**

Aus dem Satz vom gleichschenkligen Dreieck folgt, dass in einem Dreieck mit lauter gleich langen Seiten auch alle Winkel gleich groß sein müssen. Ihre Größe beträgt demnach $180° : 3 = 60°$.

Aufgabe 87

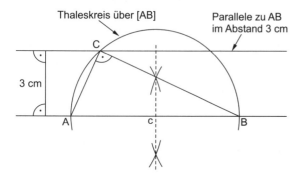

Hinweise und Tipps

Folgende Sachverhalte werden benutzt:
Unter dem *Thaleskreis* über [AB] versteht man den Kreis mit [AB] als Durchmesser.
Satz des Thales:
Ein Punkt C liegt genau dann auf dem Thaleskreis über [AB], wenn das Dreieck ABC bei C einen rechten Winkel hat.
(Wenn man ganz streng ist, müssten die Punkte A und B ausgenommen werden.) Den Mittelpunkt des Thaleskreises findet man über die Symmetrieachse zu A und B.

Die Punkte, die von einer Geraden g den konstanten Abstand 3 cm haben, bilden ein Paar von Parallelen zu g im Abstand 3 cm. Es wurde nur eine dieser Parallelen gezeichnet, und zwar mit dem GEO-Dreieck und einer 3 cm langen Querstrecke.
Insgesamt gibt es vier Punkte mit den gewünschten Eigenschaften.

Aufgabe 88

a)

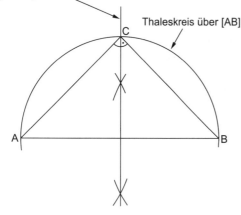

Hinweise und Tipps

Rechtwinkligkeit: C muss auf dem Thaleskreis über [AB] liegen.
Gleichschenkligkeit: C muss auf der Symmetrieachse zu A und B liegen.

Was praktisch ist: für die Konstruktion des Thaleskreises braucht man ohnehin die Symmetrieachse zu A und B.

b)

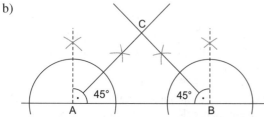

In einem gleichschenklig-rechtwinkligen Dreieck liegt der 90°-Winkel an der Spitze und für die Basiswinkel gilt:
$\alpha = \beta$
$= (180° - 90°) : 2$
$= 45°$

Durch Errichten zweier Lote zu AB in A und B und Halbierung der entstandenen 90°-Winkel lässt sich die Konstruktion nach WSW ausführen.

Aufgabe 89

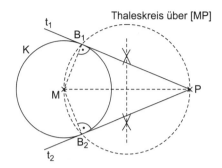

Hinweise und Tipps

Wenn eine Gerade t Tangente an einen Kreis mit Berührpunkt B ist, dann muss sie auf dem Berührradius [MB] senkrecht stehen. Um diesen 90°-Winkel zu erzeugen, dient der Thaleskreis über [MP].

Aus Symmetriegründen kann man von einem Punkt P außerhalb eines Kreises zwei Tangenten an den Kreis legen. Die Tangenten sind bezüglich der Achse MP zueinander symmetrisch.

Aufgabe 90

**Man muss mindestens 5 Stücke kennen, zum Beispiel alle vier Seiten und den Winkel α. Zunächst konstruiert man das Teildreieck ABD nach dem Kongruenzsatz SWS. Punkt C ergibt sich dann durch Schnitt des Kreises um D mit dem Radius $c = \overline{CD}$ und des Kreises um B mit Radius $b = \overline{BC}$.
(Unter Umständen gibt es zwei Lösungen).**

Hinweise und Tipps

Weitere Möglichkeit: Konstruktion aus a, b, α, β und γ. Beginn mit Teildreieck ABC aus a, b und β (SWS). Punkt D ergibt sich als Schnitt der freien Schenkel der Winkel α und γ.

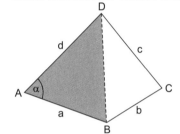 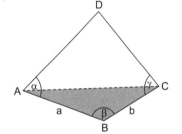

Bayerischer Mathematik Test 2004
8. Jahrgangsstufe Gymnasium, Gruppe A

Aufgabe 1

Im „Jahrhundertsommer" 2003 besuchten 25 000 Personen das Freibad von Nassing. Im Sommer des Jahres 2004 kamen nur noch 22 500 Besucher.
Um wie viel Prozent ist die Besucherzahl gesunken?

$\frac{2.500}{25.000} = \frac{25}{250} = \frac{1}{10} = 10\%$

$25.000 - 22.500 = 2.500$

Aufgabe 2

Der rechts abgebildete Körper besteht aus fünf Würfeln.
Dieser Körper wird gedreht.

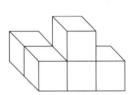

Welche der folgenden Figuren kann sich ergeben?
Kreuze an.

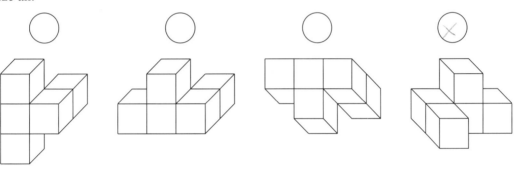

Aufgabe 3

Nebenstehend findest du einen Ausschnitt aus dem Fahrplan der S-Bahn-Linie S6 von Erding nach Tutzing.

S6 Erding – Tutzing	
Erding	8:42
M-Ostbahnhof	9:22
M-Hauptbahnhof	9:30
Starnberg	10:02
Tutzing	10:16

a) Gib die Fahrzeit von Erding nach Starnberg an.

1 h 20 minuten

b) In einem Prospekt der Bahn ist die durchschnittliche Geschwindigkeit der S-Bahn für die Strecke von Erding nach Starnberg (einschließlich Zwischenhalte) mit $51\frac{km}{h}$ angegeben. Berechne die Länge der Fahrstrecke von Erding nach Starnberg.

c) Als Vielfahrer kann man zum Bezahlen des Fahrpreises Streifenkarten mit je 10 Streifen kaufen. Eine Steifenkarte kostet 9,50 €. Wie viel kostet dann eine einfache Fahrt von Erding nach Starnberg, wenn man dafür 8 Streifen entwerten muss?

9,50 : 10 = 0,95
0,95 · 8 = 7,60 €

Aufgabe 4

Welche Zahl muss man von 1 000 subtrahieren, um 2 004 zu erhalten?

1004

Aufgabe 5

Der Kartenausschnitt zeigt den Verlauf einer Küste. Entlang der Küste stehen zwei Leuchttürme L_1 und L_2. Das Schiff S fährt auf direktem Kurs auf den Hafen H zu.

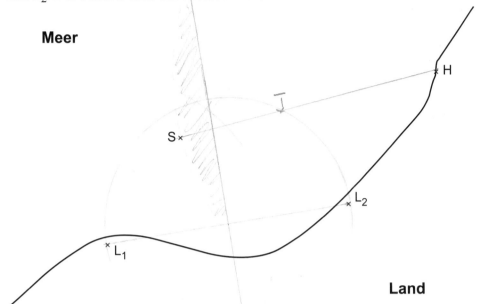

a) Ein Boot befindet sich näher am Hafen als das Schiff, gleichzeitig ist es aber von L_2 weiter entfernt als von L_1. Bestimme mit Hilfe einer Konstruktion den Bereich, in dem sich das Boot befinden kann. Schraffiere diesen Bereich im Kartenausschnitt.

b) Wie groß ist der Winkel L_1SL_2, unter dem die Strecke $[L_1L_2]$ vom Schiff S aus gesehen wird?
 ☐ 117°   ☐ 77°   ☒ 103°   ☐ 83°   ☐ 45°

c) Konstruiere die Position des Schiffes auf seinem direkten Weg zum Hafen, von der aus die Strecke $[L_1L_2]$ unter einem rechten Winkel gesehen wird. (Bezeichne die Position mit T.)

Aufgabe 6

Löse die folgende Gleichung (D = ℚ): $3 \cdot (x+4) = 14 - \frac{2}{3}x$

$3 \cdot (x+4) = 14 - \frac{2}{3}x$ $\frac{11}{3}x = 2$

$3x + 12 = 14 - \frac{2}{3}x \quad |-12$ $x = \frac{3}{11} \cdot 2$

$3x = 2 - \frac{2}{3}x \quad |+\frac{2}{3}x$ $x = \frac{6}{11}$

$3x + \frac{2}{3}x = 2$

Aufgabe 7

Andrea erklärt Bernd, wie man zwei Brüche mit unterschiedlichen Nennern addiert. Sie sagt:
„Nachdem ich den Hauptnenner gefunden habe, ..."
Ergänze den Satz zu einer vollständigen Erklärung.

Aufgabe 8

Gegeben ist der Term $6{,}75 : 3 - 0{,}25 : 0{,}01$.

a) Berechne den Wert des Terms.

b) Hermine sagt: „Ersetze ich in dem Term die Zahl 0,01 durch eine größere Zahl, so wird auch der Wert des Terms in jedem Fall größer." Begründe, weshalb Hermine Recht hat.

Aufgabe 9

Das Kaufhaus „Konsum" wirbt zum Schuljahresbeginn: *„In den ersten beiden Schulwochen erhalten Sie jede Drucker-Farbpatrone 4 Euro günstiger."* Max nimmt das Angebot wahr und kauft drei Drucker-Farbpatronen, die regulär jeweils k Euro gekostet hätten.
Beschreibe für diesen Kauf die Gesamtkosten in Euro durch einen Term.

$3 \cdot (k\,€ - 4)$

Aufgabe 10

Das Quadrat ABCD hat die Seitenlänge 12 cm. Die Rechtecke I, II, III und IV haben den gleichen Flächeninhalt.

a) Berechne den Flächeninhalt des Rechtecks I.

$A_I = \frac{1}{4} \cdot 12\,cm \cdot 12\,cm =$
$\frac{1}{4} \cdot 144\,cm^2 = 36\,cm^2$

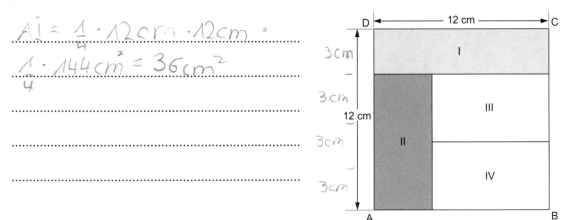

b) Berechne den Umfang des Rechtecks II.

$U_{II} = 9\,cm + 9\,cm + 4\,cm + 4\,cm = 26\,cm$

Breite $36\,cm^2 : 9\,cm = 4\,cm$

Lösungen

Aufgabe 1

10 %

Hinweise und Tipps

Die Besucherzahl ist um $25\,000 - 22\,500 = 2\,500$ gesunken, das ist gerade ein Zehntel der Besucherzahl im Jahr 2003.

$$\frac{2\,500}{25\,000} = \frac{1}{10} = \frac{10}{100} = 10\,\%.$$

Achte auf den richtigen Grundwert (25 000 Besucher im Jahr 2003).

Aufgabe 2

Hinweise und Tipps

Orientiere dich an den vier Würfeln des Körpers, die in der gegebenen Ansicht nach vorne zeigen. Der fünfte Würfel ist in den folgenden Bildern jeweils grau markiert. Du erkennst schnell, dass nur die dritte Darstellung richtig sein kann.

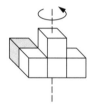
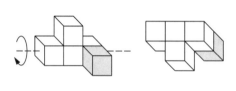

Die obigen Bilder zeigen eine Möglichkeit, wie der gegebene Körper in die Endlage gedreht werden kann. Zuerst wird er um die strichliert gezeichnete vertikale Achse um 180° in eine Zwischenlage gedreht, anschließend erfolgt eine Drehung um eine horizontale Achse, ebenfalls um 180°.

Aufgabe 3

a) **1 Stunde und 20 Minuten (= 80 Minuten)**

Hinweise und Tipps

1. Lösungsweg:

Nach der Abfahrt in Erding um 8:42 Uhr vergehen 18 Minuten, bis es 9 Uhr ist, dann vergehen noch 1 Stunde und 2 Minuten, bis die S-Bahn um 10:02 Uhr in Starnberg ankommt. Die gesuchte Fahrzeit beträgt also 18 Minuten + 1 Stunde 2 Minuten = 1 Stunde 20 Minuten.

2. Lösungsweg:

Die Differenz zwischen Ankunftszeit und Abfahrtszeit berechnet sich zu

10 h 2 min − 8 h 42 min =   (Eine der 10 h in Minuten umwandeln.)
9 h 62 min − 8 h 42 min =
1 h 20 min

b) **68 km**

Bewertung: Bei falschem Ansatz wird keine BE vergeben. Jeder Rechenfehler führt zu Abzug einer BE.

1. Lösungsweg: Dreisatz (Schlussrechnung)

In einer Stunde legt die S-Bahn 51 km zurück.
In 20 min legt die S-Bahn 51 km : 3 = 17 km zurück.
In 1 h 20 min legt die S-Bahn 4 · 17 km = 68 km zurück.

Beachte, dass die gesuchte Größe (Fahrstrecke) am Schluss der Sätze genannt wird. Auf der „linken Seite" kann dann bequem auf die Einheit geschlossen werden. Am geschicktesten ist es hier, als Zeiteinheit 20 Minuten zu wählen, denn 1 h 20 min besteht aus vier dieser Einheiten. Wenn du eine Minute als Zeiteinheit wählst, musst du deutlich mehr rechnen.

In 1 h = 60 min legt die S-Bahn 51 km zurück.
In 1 min legt die S-Bahn 51 km : 60 = 0,85 km zurück.
In 80 min legt die S-Bahn 80 · 0,85 km = 68 km zurück.

2. Lösungsweg: Anwendung einer Formel

Der zurückgelegte Weg berechnet sich nach der Formel
Weg = Geschwindigkeit mal Zeit ($s = v \cdot t$), hier

$51 \frac{km}{h} \cdot 80 \, min =$ Im Nenner ersetzen: 1 h = 60 min.

$51 \frac{km}{60 \, min} \cdot 80 \, min =$ Minuten kürzen, Maßzahlen auf einen Bruch bringen.

$\frac{51 \cdot 80}{60} \, km =$ Mit 20 kürzen.

$\frac{51 \cdot 4}{3} \, km =$ Mit 3 kürzen.

$17 \cdot 4 \, km =$
$68 \, km$

c) **7,60 Euro**

1. Lösungsweg: Dreisatz (Schlussrechnung)

10 Streifen kosten 9,50 Euro.
 1 Streifen kostet 0,95 Euro.
 8 Streifen kosten 8 × 0,95 Euro = 7,60 Euro.

2. Lösungsweg: Bruchteil-Ansatz

$\frac{8}{10}$ von $9,50 = \frac{8}{10} \cdot 9,50 = 0,8 \cdot 9,5 = 7,6$.

Bei Entwertung von 8 Streifen kostet die Fahrt von Erding nach Starnberg 7,60 Euro.

Aufgabe 4

−1 004

Hinweise und Tipps

Wie kann das gehen: Von 1 000 wird eine Zahl subtrahiert und am Ende kommt mehr als 1 000 heraus? Es geht nur, wenn eine **negative** Zahl von 1 000 subtrahiert wird! Denn Subtraktion einer negativen Zahl bedeutet die Addition der Gegenzahl:
$1\,000 - (-1\,004) = 1\,000 + (+1\,004) = 2\,004$.

Wenn du durch Probieren nicht auf die gesuchte Zahl kommst, kannst du auch eine Gleichung aufstellen:

$1\,000 - x = 2\,004$ Auf beiden Seiten der Gleichung 1 000 subtrahieren.
$-x = 1\,004$ Gegenzahl bilden bzw. mit (−1) multiplizieren.
$x = -1\,004$

Aufgabe 5

a) Der gesuchte Bereich ist der kleinere der beiden Bereiche, die vom Kreis um H mit Radius $\overline{HS}$ und der Mittelsenkrechten der Strecke $[L_1L_2]$ begrenzt werden.

Bewertung: Eine falsche Markierung des Bereichsrandes führt nicht zu Punktabzug. Für die richtige Kennzeichnung eines der Teilbereiche (Kreisinneres oder linke Seite der Mittelsenkrechten) wird noch keine BE vergeben. 1 BE Abzug gibt es z. B., wenn die Mittelsenkrechte nicht konstruiert wurde oder falls der Kreis um H mit Radius $\overline{HS}$ und die Mittelsenkrechte konstruiert wurden, aber der falsche Kreisabschnitt schraffiert wurde.

Hinweise und Tipps

„Das Boot befindet sich näher am Hafen als das Schiff" bedeutet: Das Boot hat von H eine geringere Entfernung als der Punkt S, liegt also im Inneren des Kreises um H mit Radius $\overline{HS}$.

Um die Bedingung „das Boot ist von L_2 weiter entfernt als von L_1" zu erfüllen, muss die Mittelsenkrechte zur Strecke $[L_1L_2]$ ins Spiel gebracht werden. Auf dieser Mittelsenkrechten liegen nämlich die Punkte, die von L_1 und L_2 **gleich weit** entfernt sind. Diejenigen Punkte, die (im vorliegenden Beispiel) links von dieser Mittelsenkrechten liegen, sind dann von L_2 weiter entfernt als von L_1.

Konstruktion der Mittelsenkrechten: zwei Hilfskreise um L_1 und L_2 mit **gleichem** Radius schneiden sich in zwei Punkten der Mittelsenkrechten.

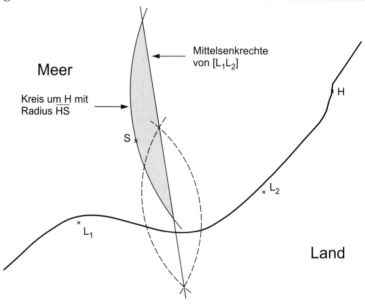

b) $103°$

Beachte beim Einzeichnen der Schenkel des Winkels L_1SL_2: Der mittlere der angegebenen Punkte, hier S, ist der Scheitel des Winkels. Der erste Buchstabe L_1 ist ein Punkt des ersten Schenkels, der dritte Buchstabe L_2 ein Punkt des zweiten Schenkels. Der erste Schenkel wird im **Gegenuhrzeigersinn** gedreht, bis er auf den zweiten Schenkel fällt.

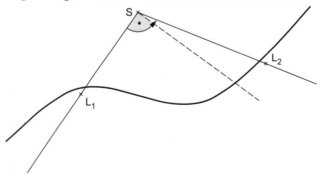

Übrigens kannst du auch ohne Messung mit dem GEO-Dreieck herausfinden, welches Kästchen angekreuzt werden muss. Der Winkel L_1SL_2 ist ja offensichtlich größer als $90°$ und der Wert $117° = 90° + 27°$ kann als zu groß ausgeschlossen werden (der Winkel zwischen der gestrichelten Linie und dem Schenkel $[SL_2$ ist sicher kleiner als $27°$).

c) **T ist der Schnittpunkt des Thaleskreises über [L₁L₂] mit der Strecke [SH].**

Die Strecke [L₁L₂] wird von T aus unter einem Winkel von 90° gesehen, wenn der Winkel L₁TL₂ ein rechter Winkel ist, also wenn T auf dem Thaleskreis über [L₁L₂] liegt. Der Mittelpunkt M des Thaleskreises ist der Mittelpunkt der Strecke [L₁L₂]. Du findest ihn leicht als Schnittpunkt von [L₁L₂] mit der Mittelsenkrechten zu [L₁L₂], die bereits in Teilaufgabe 5 a) konstruiert wurde.

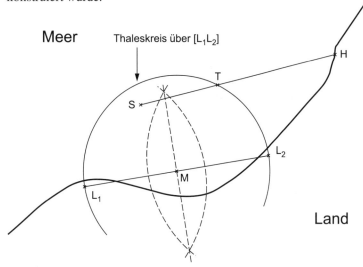

Aufgabe 6

$x = \frac{6}{11}$

Bewertung: Die Angabe der Lösungsmenge in der Form $L = \{\frac{6}{11}\}$ ist nicht erforderlich. 1 BE Abzug pro Rechenfehler bzw. fehlendem Rechenschritt.

Hinweise und Tipps

Die Gleichung wird schrittweise durch Anwendung von Äquivalenzumformungen gelöst.

$3 \cdot (x + 4) = 14 - \frac{2}{3}x$ — Ausmultiplizieren der linken Seite nach dem D-Gesetz.

$3x + 12 = 14 - \frac{2}{3}x$ — Auf beiden Seiten der Gleichung 12 subtrahieren.

$3x = 2 - \frac{2}{3}x$ — Auf beiden Seiten der Gleichung $\frac{2}{3}x$ addieren.

$3x + \frac{2}{3}x = 2$ — Linke Seite zusammenfassen $(3 = \frac{9}{3})$.

$\frac{11}{3}x = 2$ — Beide Seiten mit $\frac{3}{11}$ multiplizieren. $(\frac{3}{11} \cdot \frac{11}{3} = 1)$

$x = \frac{3}{11} \cdot 2$ — Rechte Seite ausrechnen $(\frac{3}{11} \cdot 2 = \frac{3}{11} \cdot \frac{2}{1} = \frac{6}{11})$.

$x = \frac{6}{11}$

Aufgabe 7

„… erweitere ich die Brüche auf den Hauptnenner. Dann addiere ich die Zähler und behalte den Hauptnenner bei."

Bewertung: Fehlen von „… und behalte den Hauptnenner bei." führt nicht zu Punktabzug.

Hinweise und Tipps

Rechne vor der Formulierung des Satzes ein einfaches Beispiel wie

$\frac{1}{2} + \frac{1}{3} = \frac{3}{6} + \frac{2}{6} = \frac{3+2}{6}$.

BMT 8 – 2004 Gruppe A Lösungen

Aufgabe 8

a) **–22,75**

Bewertung: 1 BE Abzug für jeden Rechenfehler oder fehlenden Rechenschritt. Keine BE wird vergeben, wenn die Regel „Punkt vor Strich" missachtet wird.

Hinweise und Tipps

Der gegebene Term ist eine Differenz aus zwei Quotienten. Wegen der Regel „Punkt vor Strich" müssen zuerst die zwei Quotienten berechnet werden.
$6{,}75 : 3 - 0{,}25 : 0{,}01 = 2{,}25 - 25 = -22{,}75$.

Beachte die gleichsinnige Kommaverschiebung bei der Berechnung des zweiten Quotienten. Dadurch wird der Divisor zu einer ganzen Zahl (hier 1) gemacht:
$0{,}25 : 0{,}01 = 25 : 1 = 25$.

b) **Vergrößert man den Divisor des Quotienten $0{,}25 : 0{,}01$, so wird der Wert des Quotienten kleiner. Von dem gleichbleibenden Quotienten $6{,}75 : 3$ wird also weniger abgezogen, was den Wert der Differenz vergrößert.**

Bewertung: Für 1 BE muss sowohl die Veränderung des Quotienten als auch die der Differenz richtig begründet sein..

Eine Beispielrechnung mit einer größeren Zahl als 0,01 kann helfen, z. B.
$2{,}25 - 0{,}25 : 0{,}25 = 2{,}25 - 1 = 1{,}25$.

Aufgabe 9

$3 \cdot (k-4)$
oder auch
$3k - 12$

Hinweise und Tipps

Erklärung des Terms $3 \cdot (k-4)$:
Durch die Verbilligung um 4 Euro kostet jede Drucker-Farbpatrone nunmehr $k-4$ (Euro), und Max kauft 3 Patronen.

Erklärung des Terms $3k - 12$:
Normalerweise hätte Max für die 3 Patronen $3k$ (Euro) zahlen müssen. Insgesamt spart er $3 \cdot 4 = 12$ Euro.

Beachte auch die Äquivalenz der beiden Terme auf Grund des Distributivgesetzes!

Aufgabe 10

a) **36 cm^2**

Hinweise und Tipps

Da alle vier Rechtecke flächengleich sind, hat jedes dieser Rechtecke, also auch das Rechteck I ein Viertel des Quadratinhalts.
$A_I = \tfrac{1}{4} \cdot 12 \text{ cm} \cdot 12 \text{ cm} = \tfrac{1}{4} \cdot 144 \text{ cm}^2 = 36 \text{ cm}^2$.
Oder etwas geschickter gerechnet:
$A_I = \tfrac{1}{4} \cdot 12 \text{ cm} \cdot 12 \text{ cm} = 3 \text{ cm} \cdot 12 \text{ cm}^2 = 36 \text{ cm}^2$.

b) **26 cm**

Bewertung: 1 BE gibt es für die richtige Berechnung der Höhe des Rechtecks II (9 cm).

Der Umfang eines Rechtecks ist die Summe all seiner Seitenlängen. Von den Rechtecken I und II kennen wir nach Teilaufgabe a) jeweils den Flächeninhalt ($36\,\text{cm}^2$). Wenn von einem Rechteck sowohl Flächeninhalt als auch Länge einer Seite bekannt sind, kann die zweite Seite berechnet werden. Dazu muss der Flächeninhalt durch die gegebene Seite dividiert werden. (Aus $A_R = a \cdot b$ folgt $b = A_R : a$).

Wir bezeichnen bei den folgenden Rechtecken die horizontale Seite jeweils als Breite, die vertikale als Höhe.

Von Rechteck II, dessen Umfang gesucht ist, sind weder Breite noch Höhe direkt bekannt. Wir müssen also zunächst bei Rechteck I ansetzen.

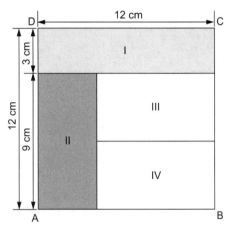

Höhe des Rechtecks I: $36\,\text{cm}^2 : 12\,\text{cm} = 3\,\text{cm}$.
Höhe des Rechtecks II: $12\,\text{cm} - 3\,\text{cm} = 9\,\text{cm}$.
Breite des Rechtecks II: $36\,\text{cm}^2 : 9\,\text{cm} = 4\,\text{cm}$.

Damit ergibt sich der Umfang des Rechtecks II zu
$U_{II} = 2 \cdot (9\,\text{cm} + 4\,\text{cm}) = 2 \cdot 13\,\text{cm} = 26\,\text{cm}$.

Bayerischer Mathematik Test 2004
8. Jahrgangsstufe Gymnasium, Gruppe B

Aufgabe 1 /1

Im „Jahrhundertsommer" 2003 besuchten 35 000 Personen das Freibad von Feuchtstadt. Im Sommer des Jahres 2004 kamen nur noch 31 500 Besucher.
Um wie viel Prozent ist die Besucherzahl gesunken?

....

....

Aufgabe 2 /1

Der rechts abgebildete Körper besteht aus fünf Würfeln.
Dieser Körper wird gedreht.

Welche der folgenden Figuren kann sich ergeben?
Kreuze an.

Aufgabe 3

Nebenstehend findest du einen Ausschnitt aus dem Fahrplan der S-Bahn-Linie S5 von Herrsching nach Ebersberg.

S5 Herrsching – Ebersberg	
Herrsching	9:46
M-Hauptbahnhof	10:32
M-Ostbahnhof	10:42
Zorneding	11:06
Ebersberg	11:23

a) Gib die Fahrzeit von Herrsching nach Zorneding an. /1

....

b) In einem Prospekt der Bahn ist die durchschnittliche Geschwindigkeit der S-Bahn für die Strecke von Herrsching nach Zorneding (einschließlich Zwischenhalte) mit $51\frac{km}{h}$ angegeben. Berechne die Länge der Fahrstrecke von Herrsching nach Zorneding.

c) Als Vielfahrer kann man zum Bezahlen des Fahrpreises Streifenkarten mit je 10 Streifen kaufen. Eine Steifenkarte kostet 9,50 €. Wie viel kostet dann eine einfache Fahrt von Herrsching nach Zorneding, wenn man dafür 8 Streifen entwerten muss?

Aufgabe 4

Welche Zahl muss man von 1 000 subtrahieren, um 3 004 zu erhalten?

Aufgabe 5

Der Kartenausschnitt zeigt den Verlauf einer Küste. Entlang der Küste stehen zwei Leuchttürme L_1 und L_2. Das Schiff S fährt auf direktem Kurs auf den Hafen H zu.

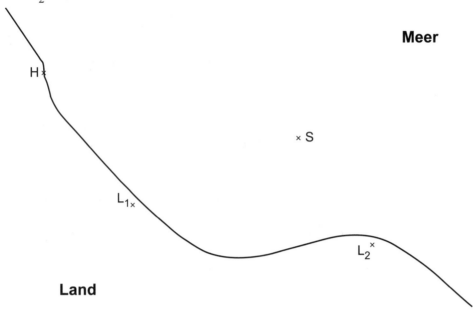

a) Ein Boot befindet sich näher am Hafen als das Schiff, gleichzeitig ist es aber von L_1 weiter entfernt als von L_2. Bestimme mit Hilfe einer Konstruktion den Bereich, in dem sich das Boot befinden kann. Schraffiere diesen Bereich im Kartenausschnitt.

b) Wie groß ist der Winkel L_1SL_2, unter dem die Strecke $[L_1L_2]$ vom Schiff S aus gesehen wird?
   ☐ 30°   ☐ 104°   ☐ 84°   ☐ 116°   ☐ 76°

c) Konstruiere die Position des Schiffes auf seinem direkten Weg zum Hafen, von der aus die Strecke $[L_1L_2]$ unter einem rechten Winkel gesehen wird. (Bezeichne die Position mit T.)

Aufgabe 6

Löse die folgende Gleichung (D = ℚ): $2 \cdot (x + 3) = 7 - \frac{2}{7}x$

Aufgabe 7

Alexander erklärt Barbara, wie man zwei Brüche mit unterschiedlichen Nennern addiert. Er sagt: „Nachdem ich den Hauptnenner gefunden habe, …"
Ergänze den Satz zu einer vollständigen Erklärung.

....

....

....

....

Aufgabe 8

Gegeben ist der Term $5{,}75 : 5 - 0{,}15 : 0{,}01$.

a) Berechne den Wert des Terms.

....

....

....

b) Franziska sagt: „Ersetze ich in dem Term die Zahl 0,01 durch eine größere Zahl, so wird auch der Wert des Terms in jedem Fall größer." Begründe, weshalb Franziska Recht hat.

....

....

....

Aufgabe 9

Das Kaufhaus „Kontor" wirbt zum Schuljahresbeginn: *„In den ersten beiden Schulwochen erhalten Sie jede Drucker-Farbpatrone 3 Euro günstiger."* Hans nimmt das Angebot wahr und kauft vier Drucker-Farbpatronen, die regulär jeweils k Euro gekostet hätten.
Beschreibe für diesen Kauf die Gesamtkosten in Euro durch einen Term.

....

....

Aufgabe 10

Das Quadrat ABCD hat die Seitenlänge 60 cm. Die Rechtecke I, II, III und IV haben den gleichen Flächeninhalt.

a) Berechne den Flächeninhalt des Rechtecks I.

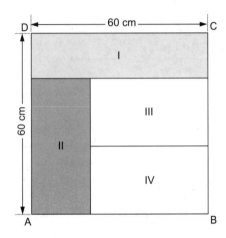

b) Berechne den Umfang des Rechtecks II.

Lösungen

Aufgabe 1

10 %

/ Hinweise und Tipps

Die Besucherzahl ist um $35\,000 - 31\,500 = 3\,500$ gesunken, das ist gerade ein Zehntel der Besucherzahl im Jahr 2003.
$\frac{3\,500}{35\,000} = \frac{1}{10} = \frac{10}{100} = 10\,\%$.

Achte auf den richtigen Grundwert (35 000 Besucher im Jahr 2003).

Aufgabe 2

/ Hinweise und Tipps

Falls du weitere Erläuterungen brauchst, so sieh bei den Lösungen der Aufgabe 2 von Gruppe A des BMT 2004 nach. Es handelt sich um die gleiche Aufgabe, nur war das Kreuzchen an anderer Stelle zu setzen.

Aufgabe 3

a) **1 Stunde und 20 Minuten (= 80 Minuten)**

/ Hinweise und Tipps

1. Lösungsweg:

Nach der Abfahrt in Herrsching um 9:46 Uhr vergehen 14 Minuten, bis es 10 Uhr ist, dann vergehen noch 1 Stunde und 6 Minuten, bis die S-Bahn um 11:06 Uhr in Zorneding ankommt. Die gesuchte Fahrzeit beträgt also 14 Minuten + 1 Stunde 6 Minuten = 1 Stunde 20 Minuten.

2. Lösungsweg:

Die Differenz zwischen Ankunftszeit und Abfahrtszeit berechnet sich zu
11 h 6 min − 9 h 46 min =   (Eine der 11 h in Minuten umwandeln.)
10 h 66 min − 9 h 46 min =
1 h 20 min

b) **68 km**

Bewertung: Bei falschem Ansatz wird keine BE vergeben. Jeder Rechenfehler führt zu Abzug einer BE.

Diese Aufgabe ist mit Aufgabe 3 b) der Gruppe A identisch. Sieh dort nach, wenn du noch Informationen über die Lösungswege benötigst.

c) **7,60 Euro**

Auch diese Aufgabe wird genauso gerechnet wie die entsprechende Aufgabe der Gruppe A

Aufgabe 4

−2 004

/ Hinweise und Tipps

Um von der Zahl 1 000 zur Zahl 3 004 zu gelangen, muss man 2 004 addieren, oder gleichbedeutend: man muss die Zahl (−2 004) subtrahieren.
$1\,000 - (-2\,004) = 1\,000 + (+2\,004) = 3\,004$

Wenn du durch Probieren nicht auf die gesuchte Zahl kommst, kannst du auch eine Gleichung aufstellen:
$1\,000 - x = 3\,004$ Auf beiden Seiten der Gleichung 1 000 subtrahieren.
$-x = 2\,004$ Gegenzahl bilden bzw. mit (−1) multiplizieren.
$x = -2\,004$

Aufgabe 5

a) **Der gesuchte Bereich ist der kleinere der beiden Bereiche, die vom Kreis um H mit Radius HS und der Mittelsenkrechten der Strecke [L₁L₂] begrenzt werden.**

Bewertung: Eine falsche Markierung des Bereichsrandes führt nicht zu Punktabzug. Für die richtige Kennzeichnung eines der Teilbereiche (Kreisinneres oder rechte Seite der Mittelsenkrechten) wird noch keine BE vergeben. 1 BE Abzug gibt es z. B., wenn die Mittelsenkrechte nicht konstruiert wurde oder falls der Kreis um H mit Radius HS und die Mittelsenkrechte konstruiert wurden, aber der falsche Kreisabschnitt schraffiert wurde.

/ Hinweise und Tipps

Das Bild zeigt den gesuchten Bereich. Falls du weitere Erläuterungen benötigst, so sieh bitte bei den Lösungen zu Aufgabe 5 a der Gruppe A nach.

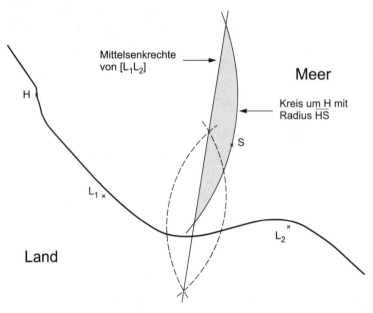

b) **104°**

Beachte: Der mittlere der angegebenen Punkte, hier S, ist der Scheitel des Winkels. Der erste Buchstabe L_1 ist ein Punkt des ersten Schenkels, der dritte Buchstabe L_2 ein Punkt des zweiten Schenkels. Der erste Schenkel wird im **Gegenuhrzeigersinn** gedreht, bis er auf den zweiten Schenkel fällt.

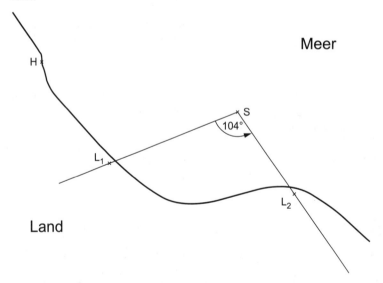

c) **T ist der Schnittpunkt des Thaleskreises über [L₁L₂] mit der Strecke [SH].**

Für weitere Erläuterungen siehe unter den Lösungen der Aufgabe 5 c von Gruppe A.

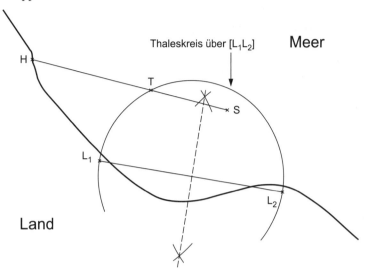

Aufgabe 6

$x = \frac{7}{16}$

Bewertung: Die Angabe der Lösungsmenge in der Form $L = \{\frac{7}{16}\}$ ist nicht erforderlich. 1 BE Abzug pro Rechenfehler bzw. fehlendem Rechenschritt.

Hinweise und Tipps

Die Gleichung wird schrittweise durch Anwendung von Äquivalenzumformungen gelöst.

$2 \cdot (x + 3) = 7 - \frac{2}{7} x$ Ausmultiplizieren der linken Seite nach dem D-Gesetz.

$2x + 6 = 7 - \frac{2}{7} x$ Auf beiden Seiten der Gleichung 6 subtrahieren.

$2x = 1 - \frac{2}{7} x$ Auf beiden Seiten der Gleichung $\frac{2}{7} x$ addieren.

$2x + \frac{2}{7} x = 1$ Linke Seite zusammenfassen $(2 = \frac{14}{7})$.

$\frac{16}{7} x = 1$ Beide Seiten mit $\frac{7}{16}$ multiplizieren. $(\frac{7}{16} \cdot \frac{16}{7} = 1)$

$x = \frac{7}{16}$

Aufgabe 7

„... erweitere ich die Brüche auf den Hauptnenner. Dann addiere ich die Zähler und behalte den Hauptnenner bei."

Bewertung: Fehlen von „... und behalte den Hauptnenner bei." führt nicht zu Punktabzug.

Hinweise und Tipps

Rechne vor der Formulierung des Satzes ein einfaches Beispiel wie $\frac{1}{2} + \frac{1}{3} = \frac{3}{6} + \frac{2}{6} = \frac{3+2}{6}$.

Aufgabe 8

a) **−13,85**

Bewertung: 1 BE Abzug für jeden Rechenfehler oder fehlenden Rechenschritt. Keine BE wird vergeben, wenn die Regel „Punkt vor Strich" missachtet wird.

Hinweise und Tipps

Der gegebene Term ist eine Differenz aus zwei Quotienten. Wegen der Regel „Punkt vor Strich" müssen zuerst die zwei Quotienten berechnet werden.
$5{,}75 : 5 - 0{,}15 : 0{,}01 = 1{,}15 - 15 : 1 = 1{,}15 - 15 = -13{,}85$.

b) **Vergrößert man den Divisor des Quotienten 0,15 : 0,01, so wird der Wert des Quotienten kleiner. Von dem gleichbleibenden Quotienten 5,75 : 5 wird also weniger abgezogen, was den Wert der Differenz vergrößert.**

Bewertung: Für 1 BE muss sowohl die Veränderung des Quotienten als auch die der Differenz richtig begründet sein.

Eine Beispielrechnung mit einer größeren Zahl als 0,01 kann helfen, z. B. $1{,}15 - 0{,}15 : 1 = 1{,}15 - 0{,}15 = 1$.

Aufgabe 9

$4 \cdot (k - 3)$
oder auch
$4k - 12$

/ Hinweise und Tipps

Erklärung des Terms $4 \cdot (k - 3)$:
Durch die Verbilligung um 3 Euro kostet jede Drucker-Farbpatrone nunmehr $k - 3$ (Euro), und Hans kauft 4 Patronen.

Erklärung des Terms $4k - 12$:
Normalerweise hätte Hans für die 4 Drucker-Farbpatronen $4k$ (Euro) zahlen müssen. Insgesamt spart er $4 \cdot 3 = 12$ Euro.

Beachte auch die Äquivalenz der beiden Terme auf Grund des Distributivgesetzes!

Aufgabe 10

a) **900 cm^2**

/ Hinweise und Tipps

Da alle vier Rechtecke flächengleich sind, hat jedes dieser Rechtecke, also auch das Rechteck I ein Viertel des Quadratinhalts.
$A_I = \frac{1}{4} \cdot 60 \text{ cm} \cdot 60 \text{ cm} = \frac{1}{4} \cdot 3\,600 \text{ cm}^2 = 900 \text{ cm}^2$.

b) **130 cm**

Bewertung: 1 BE gibt es für die richtige Berechnung der Höhe des Rechtecks II (45 cm).

Der Umfang eines Rechtecks ist die Summe all seiner Seitenlängen.
Von den Rechtecken I und II kennen wir nach Teilaufgabe a jeweils den Flächeninhalt (900 cm^2). Wenn von einem Rechteck sowohl Flächeninhalt als auch Länge einer Seite bekannt sind, kann die zweite Seite berechnet werden. Dazu muss der Flächeninhalt durch die gegebene Seite dividiert werden. (Aus $A_R = a \cdot b$ folgt $b = A_R : a$).
Wir bezeichnen bei den folgenden Rechtecken die horizontale Seite jeweils als Breite, die vertikale als Höhe.
Von Rechteck II, dessen Umfang gesucht ist, sind weder Breite noch Höhe direkt bekannt. Wir müssen also zunächst bei Rechteck I ansetzen.

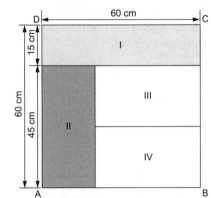

Höhe des Rechtecks I:
$900 \text{ cm}^2 : 60 \text{ cm} = 15 \text{ cm}$.
Höhe des Rechtecks II:
$60 \text{ cm} - 15 \text{ cm} = 45 \text{ cm}$.
Breite des Rechtecks II:
$900 \text{ cm}^2 : 45 \text{ cm} = 20 \text{ cm}$.

Damit ergibt sich der Umfang des Rechtecks II zu
$U_{II} = 2 \cdot (20 \text{ cm} + 45 \text{ cm}) = 2 \cdot 65 \text{ cm} = 130 \text{ cm}$.

Bayerischer Mathematik Test 2005
8. Jahrgangsstufe Gymnasium, Gruppe A

Aufgabe 1

Die grau gefärbte Figur wird am Punkt Z gespiegelt.

Kreuze an, welche der folgenden Figuren bei dieser Punktspiegelung entsteht.

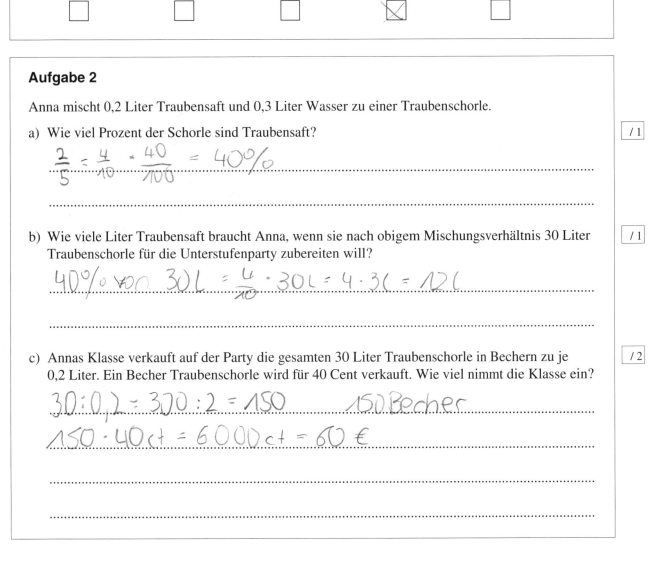

Aufgabe 2

Anna mischt 0,2 Liter Traubensaft und 0,3 Liter Wasser zu einer Traubenschorle.

a) Wie viel Prozent der Schorle sind Traubensaft?

$\frac{2}{5} = \frac{4}{10} = \frac{40}{100} = 40\%$

b) Wie viele Liter Traubensaft braucht Anna, wenn sie nach obigem Mischungsverhältnis 30 Liter Traubenschorle für die Unterstufenparty zubereiten will?

40% von $30 L = \frac{4}{10} \cdot 30 L = 4 \cdot 3 L = 12 L$

c) Annas Klasse verkauft auf der Party die gesamten 30 Liter Traubenschorle in Bechern zu je 0,2 Liter. Ein Becher Traubenschorle wird für 40 Cent verkauft. Wie viel nimmt die Klasse ein?

$30 : 0,2 = 300 : 2 = 150$ 150 Becher

$150 \cdot 40 ct = 6000 ct = 60 €$

Aufgabe 3

Petra verteilt Haselnüsse. Ulrike erhält die Hälfte der Haselnüsse, Matthias die Hälfte des Rests. Petra bleiben dann noch acht Haselnüsse. Wie viele Haselnüsse hatte sie am Anfang?

~~16 Nüsse~~

32 Nüsse

Aufgabe 4

Fahrradhändler Velo verkauft Rennräder ausschließlich der Marken „Flitz" und „Speedy".

Das Diagramm zeigt für die Jahre 2001 bis 2004 die Anzahl verkaufter Rennräder dieser beiden Marken.

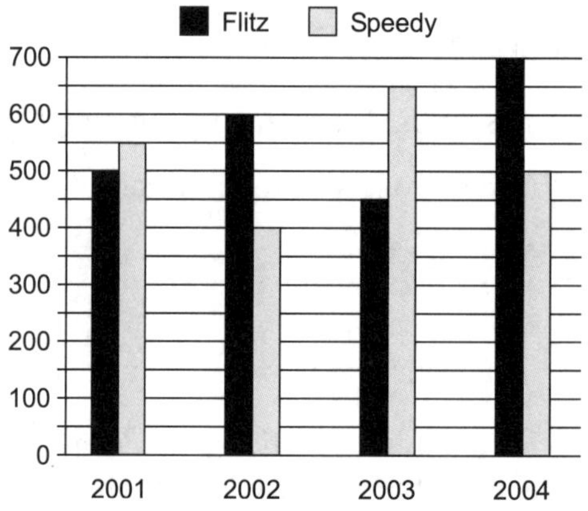

a) Wie viele Rennräder der Marke „Flitz" wurden in den Jahren 2001 bis einschließlich 2004 insgesamt verkauft?

b) In welchem Jahr war der Anteil der Rennräder der Marke „Speedy" an der Gesamtzahl der im selben Jahr verkauften Rennräder am kleinsten? Begründe deine Antwort.

Aufgabe 5

Eine Spedition verwendet zwei Sorten von quaderförmigen Umzugskartons. Der große Karton mit einem Volumen von 72 Litern hat folgende Abmessungen: Länge 60 cm, Breite 30 cm, Höhe 40 cm. Das Volumen des kleinen Kartons ist halb so groß wie das des großen Kartons.
Gib eine sinnvolle Möglichkeit für die Abmessungen des kleinen Kartons an.

Aufgabe 6

Vereinfache den Term $x^2 - (3-x)^2$ so weit wie möglich.

Aufgabe 7

Gegeben ist der Term $\left(-\frac{1}{2}\right)^n$. Für n werden der Reihe nach die natürlichen Zahlen eingesetzt.
Für $n=1$ erhält man $\left(-\frac{1}{2}\right)^1 = -\frac{1}{2}$, für $n=2$ erhält man $\left(-\frac{1}{2}\right)^2 = \frac{1}{4}$.

a) Berechne für $n=3$ und $n=4$ den Wert des Terms.

b) Trage die Termwerte für $n=1$, $n=2$ und $n=3$ auf der Zahlengeraden ein.

c) Für eine beliebige natürliche Zahl n sei der Termwert auf der Zahlengeraden markiert. Beschreibe, wo dann der Punkt zum Termwert für die darauf folgende natürliche Zahl $n+1$ liegt.

Aufgabe 8

Die Zeichnung stellt einen See im Maßstab 1 : 50 000 dar.

Schätze ab, welchen Flächeninhalt der See hat. Deine Vorgehensweise muss nachvollziehbar sein.

....

....

....

Aufgabe 9

Über dem Quadrat ABCD wird das gleichseitige Dreieck DCE errichtet. Es entsteht das Fünfeck ABCED (vgl. Abbildung).

a) Beschreibe in Worten, wie man ein gleichseitiges Dreieck mit Zirkel und Lineal konstruiert.

....

....

....

....

....

....

b) Wie groß ist der Winkel δ?

....

c) Berechne ausführlich die Größe des Winkels ε.

....

....

....

....

Lösungen

Aufgabe 1

Hinweise und Tipps

Eine Punktspiegelung an Z ist gleichbedeutend mit einer 180°-Drehung um den Punkt Z. Ob dabei nach links oder rechts gedreht wird, ist gleichgültig. Die beiden äußeren Figuren und die mittlere Figur fallen damit schon weg.

Die zweite Figur kann es auch nicht sein, weil bei ihr die Strecke [ZP] der Originalfigur (siehe Skizze) nicht längentreu abgebildet wurde.

Wenn du Schwierigkeiten hast, dir die Punktspiegelung der Figur als Ganzes vorzustellen, so teile sie in drei Teile gemäß den durch punktierte Linien vorgegebenen Quadranten auf.

Aufgabe 2

a) **40 %**

Hinweise und Tipps

0,2 Liter Traubensaft und 0,3 Liter Wasser ergeben zusammen 0,5 Liter Traubenschorle. Der Anteil des Traubensafts an der gesamten Schorle beträgt also $\frac{2}{5}$.

Den gesuchten Prozentsatz erhält man
durch Erweitern mit 20: $\quad \frac{2}{5} = \frac{2 \cdot 20}{5 \cdot 20} = \frac{40}{100} = 40\,\%$,

oder über die dezimale Schreibweise: $\quad \frac{2}{5} = 0,4 = \frac{40}{100} = 40\,\%$.

b) **12 Liter Traubensaft**

1. Möglichkeit: Benutzung des Ergebnisses aus Teilaufgabe 2 a

40 % von 30 Liter $= \frac{4}{10} \cdot 30$ Liter $= 4 \cdot 3$ Liter $= 12$ Liter

2. Möglichkeit: Dreisatz (Schlussrechnung)
Für 0,5 Liter Schorle braucht Anna 0,2 Liter Saft.
Für 1 Liter Schorle braucht Anna $2 \cdot 0,2 = 0,4$ Liter Saft.
Für 30 Liter Schorle braucht Anna $30 \cdot 0,4 = 12$ Liter Saft.

Beachte, dass beim Dreisatz die gesuchte Größe (Saft!) am Ende der jeweiligen Sätze stehen sollte. Auf der „linken Seite" kann dann bequem auf die Einheit geschlossen werden. Diesen Schritt kannst du bei einfachen Zahlen wie hier auch überspringen: du musst dann nur überlegen, dass 30 Liter Schorle 60 Mal so viel sind wie ein halber Liter Schorle.

c) **60 Euro**

Bewertung: Kein Punktabzug, wenn das Endergebnis in Cent (6 000 Cent) angegeben wird.

Wir berechnen zunächst, wie viele Becher verkauft werden, das heißt, wie oft 0,2 Liter in 30 Liter hineinpassen:
$30 : 0,2 = 300 : 2 = 150 \quad$ (Gleichsinnige Kommaverschiebung!).

Da jeder Becher für 40 Cent verkauft wird, nimmt die Klasse folgenden Betrag ein:
$150 \cdot 40$ Cent $= 6\,000$ Cent $= 60$ Euro.

Aufgabe 3

32 Haselnüsse

Hinweise und Tipps

1. Lösung: Anschauliche Überlegung
Eine Skizze kann hilfreich sein.

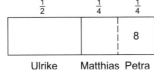

Nachdem Ulrike ihre Hälfte bekommen hat, bleibt die andere Hälfte übrig. Matthias erhält davon die Hälfte, also ein Viertel der gesamten Nüsse. Genauso viel, nämlich ein Viertel der gesamten Nüsse, behält Petra. Wenn ein Viertel der gesamten Nüsse aus 8 Nüssen besteht, waren es am Anfang $4 \cdot 8 = 32$ Nüsse.

2. Lösung: Aufstellen einer Gleichung

x sei die Anzahl der Nüsse, die Petra am Anfang hatte.
Ulrike erhält dann $\frac{1}{2}x$, Matthias $\frac{1}{2} \cdot \frac{1}{2}x$ und Petra bleiben 8 Nüsse.
Also gilt

$\frac{1}{2}x + \frac{1}{2} \cdot \frac{1}{2}x + 8 = x$	Die Gleichung wird durch Äquivalenzumformungen gelöst.
$\frac{1}{2}x + \frac{1}{4}x + 8 = x$	Zusammenfassen auf der linken Seite der Gleichung.
$\frac{3}{4}x + 8 = x$	Subtraktion von $\frac{3}{4}x$ auf beiden Seiten der Gleichung.
$8 = \frac{1}{4}x$	Multiplikation beider Gleichungsseiten mit 4.
$32 = x$	

Aufgabe 4

a) **2 250 Rennräder**

b) **Im Jahr 2002 war der Anteil am kleinsten.**

Bewertung: Keine BE, wenn (ohne Begründung) nur das Jahr genannt wird.

✏ **Hinweise und Tipps**

Du musst lediglich die Verkaufszahlen für „Flitz"-Räder aus dem Diagramm ablesen und addieren.
Vorsicht: immer bei den schwarzen Säulen bleiben!
$500 + 600 + 450 + 700 = 2250$.

Eigentlich muss für jedes Jahr zunächst der jeweilige Anteil von „Speedy" (graue Säule) an der Jahresproduktion (graue und schwarze Säule zusammen) bestimmt werden. Anschließend sind diese vier Anteile zu vergleichen. Das sieht von vorne herein nach viel Arbeit aus und legt nahe, etwas geschickter vorzugehen.
In den Jahren 2001 und 2003 ist die graue Säule länger als die schwarze, der „Speedy"-Anteil somit größer als 50 %. Genau umgekehrt lief der Absatz in den Jahren 2002 und 2004, der „Speedy"-Anteil liegt in diesen Jahren unter 50 %, und nur diese „Speedy"-Anteile müssen noch näher untersucht werden.

2002: $\quad \frac{400}{400+600} = \frac{400}{1000} = \frac{2}{5}$

2004: $\quad \frac{500}{500+700} = \frac{500}{1200} = \frac{5}{12}$

Für den Größenvergleich der beiden Brüche gibt es mehrere Möglichkeiten:

1. Möglichkeit: Erweitern auf gemeinsamen Nenner

Den Hauptnenner (kleinster gemeinsamer Nenner) der beiden Brüche findest du zum Beispiel, indem du die Vielfachen von 12 „durchgehst" und auf Teilbarkeit durch 5 prüfst: Hauptnenner ist 60.

2002: $\quad \frac{2}{5} = \frac{24}{60}$ (Erweitern mit 12)

2004: $\quad \frac{5}{12} = \frac{25}{60}$ (Erweitern mit 5)

Bei gleichem Nenner führt der kleinere Zähler auch zum kleineren Bruch und somit ist der „Speedy"-Anteil im Jahr 2002 am kleinsten.

2. Möglichkeit: Erweitern auf gemeinsamen Zähler

2002: $\quad \frac{2}{5} = \frac{10}{25}$ (Erweitern mit 5)

2004: $\quad \frac{5}{12} = \frac{10}{24}$ (Erweitern mit 2)

Bei gleichem Zähler gehört zum **größeren** Nenner der **kleinere** Bruch (Nenner 25 bedeutet Teilen durch 25), also ist der „Speedy"-Anteil im Jahr 2002 der kleinere.

Die Rechnung gestaltet sich bei Möglichkeit 2 etwas kürzer, allerdings wirken die erweiterten Brüche nicht so anschaulich wie bei Möglichkeit 1.

3. Möglichkeit: Verwendung der Dezimalschreibweise

2002: $\frac{2}{5} = 0,4$

2004: $\frac{5}{12} = 5 : 12 = 0,41\ldots$

Jetzt folgt unmittelbar, dass der „Speedy"-Anteil im Jahre 2002 am geringsten war.

Aufgabe 5

Länge 30 cm, Breite 30 cm, Höhe 40 cm
oder
Länge 60 cm, Breite 30 cm, Höhe 20 cm usw.

Bewertung: Keine BE, falls eine Kantenlänge 1 cm oder weniger beziehungsweise 1 m oder mehr beträgt.

Hinweise und Tipps

Es ist nicht nötig, das gegebene Volumen von 72 Litern = 72 dm³ zu halbieren und dann nach geeigneten Abmessungen gemäß der Formel Volumen des Quaders = Länge mal Breite mal Höhe ($V = \ell \cdot b \cdot h$) zu suchen. Denn die Formel zeigt, dass eine Halbierung des Volumens durch Halbierung **einer** Quaderkante erreicht wird, wenn gleichzeitig die beiden anderen Kanten unverändert bleiben. Diese Idee führt zu den folgenden drei Möglichkeiten für die Abmessungen des kleineren Kartons:

Länge: 60 cm : 2 = 30 cm
Breite: 30 cm
Höhe: 40 cm

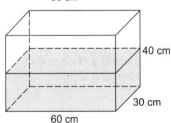

Länge: 60 cm
Breite: 30 cm : 2 = 15 cm
Höhe: 40 cm

Länge: 60 cm
Breite: 30 cm
Höhe: 40 cm : 2 = 20 cm

Selbstverständlich gibt es noch viele weitere Möglichkeiten. Soll die Kantenlänge ganze dm betragen, erhält man alle Möglichkeiten durch Zerlegen der Zahl 36 in drei (nicht unbedingt verschiedene) ganzzahlige Faktoren. Man kann sich auf diejenigen Zerlegungen beschränken, bei denen der zweite Faktor nicht kleiner als der erste und der dritte Faktor nicht kleiner als der zweite ist.

$36 = 1 \cdot 1 \cdot 36 = 1 \cdot 2 \cdot 18 = 1 \cdot 3 \cdot 12 = 1 \cdot 4 \cdot 9 = 1 \cdot 6 \cdot 6 = 2 \cdot 2 \cdot 9 = 2 \cdot 3 \cdot 6 = 3 \cdot 3 \cdot 4$

Aufgabe 6

6x − 9

oder auch

3(2x − 3)

Bewertung: Keine BE wird bei folgenden groben Fehlern vergeben, auch wenn noch richtige Rechenschritte zu verzeichnen sind:
$(3-x)^2 = 9-x^2$ bzw.
$x^2-(3-x)(3-x) = x^2-9-3x-3x+x^2$

Hinweise und Tipps

Der Term wird schrittweise durch Anwendung der bekannten Rechenregeln vereinfacht.

$x^2 - (3-x)^2 =$ Quadrat als Produkt schreiben.

$x^2 - (3-x) \cdot (3-x) =$ „Punkt vor Strich" beachten! Wir setzen zur Sicherheit eine eckige Klammer.

$x^2 - [(3-x) \cdot (3-x)] =$ Produkt in der eckigen Klammer nach dem Motto „Jeder mit jedem" ausmultiplizieren. Vorzeichen beachten!

$x^2 - [9 - 3x - 3x + x^2] =$ Eckige Klammer auflösen: Das Minus vor der Klammer ändert alle Vorzeichen in der Klammer.

$x^2 - 9 + 3x + 3x - x^2 =$ Gleichartige Summanden zusammenfassen.

$6x - 9$

Bemerkung: Wenn du die binomische Formel $(a-b)^2 = a^2 - 2ab + b^2$ kennst, kannst du etwas zügiger umformen: $(3-x)^2 = 3^2 - 2 \cdot 3 \cdot x + x^2 = 9 - 6x + x^2$.

Aufgabe 7

a) $\left(-\frac{1}{2}\right)^3 = -\frac{1}{8}$;

$\left(-\frac{1}{2}\right)^4 = \frac{1}{16}$

Hinweise und Tipps

Berechnung des Termwerts für n = 3:

$\left(-\frac{1}{2}\right)^3 = \left(-\frac{1}{2}\right) \cdot \left(-\frac{1}{2}\right) \cdot \left(-\frac{1}{2}\right) = -\frac{1}{8}$

oder unter Verwendung des Ergebnisses für $\left(-\frac{1}{2}\right)^2$:

$\left(-\frac{1}{2}\right)^3 = \left(-\frac{1}{2}\right)^2 \cdot \left(-\frac{1}{2}\right) = \frac{1}{4} \cdot \left(-\frac{1}{2}\right) = -\frac{1}{8}$

Berechnung des Termwerts für n = 4:

$\left(-\frac{1}{2}\right)^4 = \left(-\frac{1}{2}\right) \cdot \left(-\frac{1}{2}\right) \cdot \left(-\frac{1}{2}\right) \cdot \left(-\frac{1}{2}\right) = \frac{1}{16}$

oder unter Verwendung des Ergebnisses für $\left(-\frac{1}{2}\right)^2$:

$\left(-\frac{1}{2}\right)^4 = \left(-\frac{1}{2}\right)^2 \cdot \left(-\frac{1}{2}\right)^2 = \frac{1}{4} \cdot \frac{1}{4} = \frac{1}{16}$

b)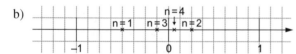

Beachte, dass die Einheitsstrecke zwischen den Markierungen 0 und 1 in 8 gleiche Teile geteilt ist!

c) **Der neue Punkt liegt halb so weit vom Nullpunkt entfernt wie der alte, und zwar so, dass der Nullpunkt zwischen den beiden Punkten liegt.**

Bewertung: Auch Formulierungen wie „... und liegt auf der anderen Seite der Null" gelten.

Zur Antwort kommst du durch aufmerksames Betrachten der Zeichnung in Teilaufgabe 7 b. Bei jeder Erhöhung des Exponenten n um eine Einheit springt der Punkt auf „die andere Seite der Null". Das hat etwas mit Punktspiegelung zu tun, allerdings halbiert der Punkt bei jedem Sprung auch seine Entfernung zur Null.

Auch rechnerisch (Teilaufgabe 7 a) lässt sich die Antwort finden. Denn bei jeder Erhöhung des Exponenten n um eine Einheit entsteht der neue Termwert aus dem alten, indem man den Faktor $-\frac{1}{2}$ hinzumultipliziert. Dabei ändert sich das Vorzeichen, das heißt, der neue Punkt liegt auf der anderen Seite der Null. Gleichzeitig wird durch 2 geteilt, also halbiert sich die Entfernung zur Null.

Aufgabe 8

Flächeninhalt ca. 3 km²

Bewertung: 1 BE wird abgezogen, wenn zum Beispiel ein Rechteck verwendet wird, das den See vollständig enthält. Das deutliche Einzeichnen des Näherungsrechtecks zählt als „nachvollziehbare Vorgehensweise".

Hinweise und Tipps

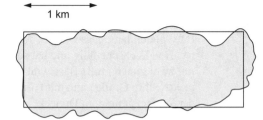

Die Form des Sees legt nahe, ihn durch ein geeignetes Rechteck anzunähern. Die Seiten des Rechtecks müssen so gelegt werden, dass ein Ausgleich stattfindet. „Überstehende" Seestücke außerhalb des Rechtecks müssen sich mit weißen „Uferbereichen", die zwar innerhalb des Rechtecks liegen, aber nicht zum See gehören, ausgleichen. Eine sinnvolle Möglichkeit zeigt die Figur. Die in der Angabe dargestellte 1 km-Strecke passt dann gerade dreimal in die Länge des Rechtecks. Seine Breite ist genauso lang wie die 1-km-Strecke. Der Inhalt des Näherungsrechtecks beträgt damit
A = 3 km · 1 km = 3 km².
Wenn du ein anderes Rechteck verwendest, musst du unter Umständen die aus deiner Zeichnung abgelesenen Abmessungen mit Hilfe des Maßstabs oder der gezeichneten 1km-Strecke umrechen:
1 cm in der Zeichnung entspricht in der Wirklichkeit einer Strecke der Länge 50 000 cm = 500 m = 0,5 km.

Aufgabe 9

a) **Man zeichnet eine Strecke [PQ] sowie um P und Q je einen Kreis mit Radius PQ. Dann verbindet man einen Schnittpunkt der beiden Kreise mit P und mit Q.**

Bewertung: Die Konstruktionsbeschreibung darf auch für das spezielle gleichseitige Dreieck DCE dieser Aufgabe durchgeführt werden. Ausführlichere Formulierungen sind natürlich zulässig, jedoch keine formalen Schreibweisen wie
$k(P; r = \overline{PQ}) \cap k(Q; r = \overline{PQ})$.

b) $\delta = 150°$

Bewertung: Eine Herleitung ist hier nicht verlangt.

Hinweise und Tipps

Die Figur veranschaulicht die Konstruktionsbeschreibung.

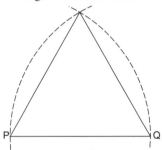

Im gleichseitigen Dreieck beträgt bekanntlich jeder Winkel 60°.
Also gilt $\delta = 90° + 60° = 150°$
(siehe nebenstehende Figur!).

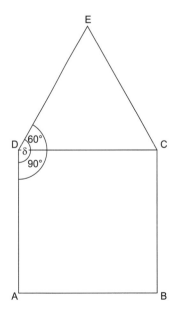

c) $\varepsilon = 30°$

Bewertung:
1 BE für die Berechnung des Winkels ε_1 oder des Winkels α_1 (siehe Figur).

Weil das gleichseitige Dreieck DCE über der Quadratseite [DC] errichtet wurde, sind die Strecken [AD] und [DE] gleich lang. Das Dreieck AED ist also gleichschenklig und hat somit zwei gleich große Basiswinkel $\varepsilon_1 = \alpha_1$. Ihre Größe kann mit Hilfe der Winkelsumme im Dreieck berechnet werden:

$\varepsilon_1 = \alpha_1 = (180° - \delta) : 2 =$
$(180° - 150°) : 2 = 30° : 2 = 15°$.

Nun gibt es mehrere Möglichkeiten, weiterzurechnen. Sie benützen aber alle die Achsensymmetrie der Figur.

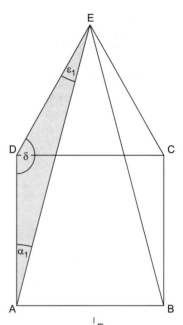

1. Möglichkeit:
Wegen der besagten Achsensymmetrie folgt
$\varepsilon_1' = \varepsilon_1 = 15°$.

Da im gleichseitigen Dreieck bei E ein 60°-Winkel auftritt, ergibt sich
$\varepsilon = 60° - \varepsilon_1' - \varepsilon_1 = 60° - 2 \cdot 15° = 30°$.

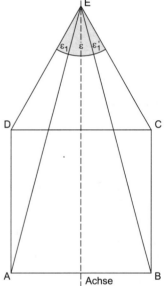

2. Möglichkeit:

Die Symmetrieachse der Figur halbiert den Winkel ε. Die Winkelsumme im Dreieck DFE liefert

$$\frac{\varepsilon}{2} + \varepsilon_1 + 60° + 90° = 180°,$$

also

$$\frac{\varepsilon}{2} = 180° - 90° - 60° - 15° = 15°$$

und es folgt

$\varepsilon = 30°$.

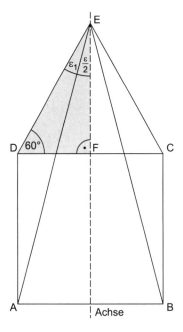

3. Möglichkeit:

Dreieck ABE ist gleichschenklig mit Basis [AB]. Ein Basiswinkel beträgt
$\alpha_2 = 90° - \alpha_1 = 90° - 15° = 75°$.

Die Winkelsumme im Dreieck ABE liefert schließlich den gesuchten Winkel an der Spitze des Dreiecks ABE:

$\varepsilon = 180° - 2 \cdot \alpha_2 = 180° - 2 \cdot 75° = 30°$.

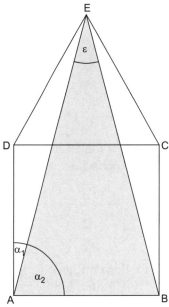

Bayerischer Mathematik Test 2005
8. Jahrgangsstufe Gymnasium, Gruppe B

Aufgabe 1

Die grau gefärbte Figur wird am Punkt Z gespiegelt.

Kreuze an, welche der folgenden Figuren bei dieser Punktspiegelung entsteht.

☐ ☐ ☐ ☐ ☐

Aufgabe 2

Bernd mischt 0,3 Liter Apfelsaft und 0,2 Liter Wasser zu einer Apfelschorle.

a) Wie viel Prozent der Schorle sind Wasser?

....

....

b) Wie viele Liter Wasser braucht Bernd, wenn er nach obigem Mischungsverhältnis 30 Liter Apfelschorle für die Unterstufenparty zubereiten will?

....

....

c) Bernds Klasse verkauft auf der Party die gesamten 30 Liter Apfelschorle in Bechern zu je 0,2 Liter. Ein Becher Apfelschorle wird für 60 Cent verkauft. Wie viel nimmt die Klasse ein?

....

....

....

....

Aufgabe 3

Petra verteilt Haselnüsse. Ulrike erhält die Hälfte der Haselnüsse, Matthias die Hälfte des Rests. Petra bleiben dann noch sechs Haselnüsse. Wie viele Haselnüsse hatte sie am Anfang?

Aufgabe 4

Fahrradhändler Velo verkauft Rennräder ausschließlich der Marken „Flitz" und „Speedy".

Das Diagramm zeigt für die Jahre 2001 bis 2004 die Anzahl verkaufter Rennräder dieser beiden Marken.

a) Wie viele Rennräder der Marke „Speedy" wurden in den Jahren 2001 bis einschließlich 2004 insgesamt verkauft?

b) In welchem Jahr war der Anteil der Rennräder der Marke „Flitz" an der Gesamtzahl der im selben Jahr verkauften Rennräder am größten? Begründe deine Antwort.

Aufgabe 5

Eine Spedition verwendet zwei Sorten von quaderförmigen Umzugskartons. Der große Karton mit einem Volumen von 96 Litern hat folgende Abmessungen: Länge 80 cm, Breite 40 cm, Höhe 30 cm. Das Volumen des kleinen Kartons ist halb so groß wie das des großen Kartons.
Gib eine sinnvolle Möglichkeit für die Abmessungen des kleinen Kartons an.

Aufgabe 6

Vereinfache den Term $x^2-(4-x)^2$ so weit wie möglich.

Aufgabe 7

Gegeben ist der Term $\left(-\frac{1}{2}\right)^n$. Für n werden der Reihe nach die natürlichen Zahlen eingesetzt.
Für n = 1 erhält man $\left(-\frac{1}{2}\right)^1 = -\frac{1}{2}$, für n = 2 erhält man $\left(-\frac{1}{2}\right)^2 = \frac{1}{4}$.

a) Berechne für n = 3 und n = 4 den Wert des Terms.

b) Trage die Termwerte für n = 1, n = 2 und n = 3 auf der Zahlengeraden ein.

c) Für eine beliebige natürliche Zahl n sei der Termwert auf der Zahlengeraden markiert. Beschreibe, wo dann der Punkt zum Termwert für die darauf folgende natürliche Zahl n + 1 liegt.

Aufgabe 8

Die Zeichnung stellt einen See im Maßstab 1 : 50 000 dar.

Schätze ab, welchen Flächeninhalt der See hat. Deine Vorgehensweise muss nachvollziehbar sein.

Aufgabe 9

Über dem Quadrat ABCD wird das gleichseitige Dreieck DCE errichtet. Es entsteht das Fünfeck ABCED (vgl. Abbildung).

a) Beschreibe in Worten, wie man ein gleichseitiges Dreieck mit Zirkel und Lineal konstruiert.

b) Wie groß ist der Winkel γ?

c) Berechne ausführlich die Größe des Winkels ε.

Lösungen

Aufgabe 1

Hinweise und Tipps

Nur die mittlere Figur entsteht aus der Originalfigur durch eine Drehung um 180° um den Punkt Z. Beachte, dass die erste Figur nicht längentreu abgebildet wurde. Es ist hilfreich, wenn du die Figur in drei Teile zerlegst, so wie es die punktierten Linien vorgeben.

Aufgabe 2

a) **40 %**

Hinweise und Tipps

0,3 Liter Apfelsaft und 0,2 Liter Wasser ergeben zusammen 0,5 Liter Apfelschorle. Der Anteil des Wassers an der gesamten Schorle beträgt also $\frac{2}{5}$.

Den gesuchten Prozentsatz erhält man
durch Erweitern mit 20: $\frac{2}{5} = \frac{2 \cdot 20}{5 \cdot 20} = \frac{40}{100} = 40\,\%$,

oder über die dezimale Schreibweise: $\frac{2}{5} = 0,4 = \frac{40}{100} = 40\,\%$.

b) **12 Liter Wasser**

1. Möglichkeit: Benutzung des Ergebnisses aus Teilaufgabe 2 a

40 % von 30 Liter $= \frac{4}{10} \cdot 30$ Liter $= 4 \cdot 3$ Liter $= 12$ Liter

2. Möglichkeit: Dreisatz (Schlussrechnung)

Für 0,5 Liter Schorle braucht Bernd 0,2 Liter Wasser.
Für   1 Liter Schorle braucht Bernd $2 \cdot 0,2 = 0,4$ Liter Wasser.
Für 30 Liter Schorle braucht Bernd $30 \cdot 0,4 = 12$ Liter Wasser.

c) **90 Euro**

Bewertung: Kein Punktabzug, wenn das Endergebnis in Cent (9 000 Cent) angegeben wird.

Anzahl der verkauften Becher: $30 : 0,2 = 300 : 2 = 150$.
Einnahmen der Klasse: $150 \cdot 60$ Cent $= 9\,000$ Cent $= 90$ Euro.

Aufgabe 3

24 Haselnüsse

Hinweise und Tipps

1. Lösung: Anschauliche Überlegung
Eine Skizze kann hilfreich sein.
Nachdem Ulrike ihre Hälfte bekommen hat, bleibt die andere Hälfte übrig.
Matthias erhält davon die Hälfte, also ein Viertel der gesamten Nüsse. Genauso viel, nämlich ein Viertel der gesamten Nüsse, behält Petra. Wenn ein Viertel der gesamten Nüsse aus 6 Nüssen besteht, waren es am Anfang $4 \cdot 6 = 24$ Nüsse.

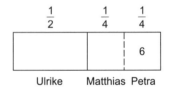

2. Lösung: Aufstellen einer Gleichung
x sei die Anzahl der Nüsse, die Petra am Anfang hatte.
Ulrike erhält dann $\frac{1}{2}x$, Matthias $\frac{1}{2} \cdot \frac{1}{2}x$ und Petra bleiben 6 Nüsse.
Also gilt

$\frac{1}{2}x + \frac{1}{2} \cdot \frac{1}{2}x + 6 = x$ Die Gleichung wird durch Äquivalenzumformungen gelöst.

$\frac{1}{2}x + \frac{1}{4}x + 6 = x$ Zusammenfassen auf der linken Seite der Gleichung.

$\frac{3}{4}x + 6 = x$ Subtraktion von $\frac{3}{4}x$ auf beiden Seiten der Gleichung.

$6 = \frac{1}{4}x$ Multiplikation beider Gleichungsseiten mit 4.

$24 = x$

Aufgabe 4

a) **2 050 Rennräder**

b) **Im Jahr 2001 war der Anteil am größten.**

Bewertung: Keine BE, wenn (ohne Begründung) nur das Jahr genannt wird.

Hinweise und Tipps

Addieren der Verkaufszahlen, die zu den grauen Säulen gehören:
$400 + 550 + 500 + 600 = 2050$.

In den Jahren 2002 und 2004 ist die schwarze Säule („Flitz") kürzer als die graue („Speedy"), der „Flitz"-Anteil somit kleiner als 50 %. In den Jahren 2001 und 2003 ist die schwarze Säule länger als die graue, der „Flitz"-Anteil also größer als 50 %. Die Anteile betragen

2001: $\quad \dfrac{600}{600+400} = \dfrac{600}{1000} = \dfrac{3}{5}$

2003: $\quad \dfrac{700}{700+500} = \dfrac{700}{1200} = \dfrac{7}{12}$

Für den Größenvergleich der beiden Brüche gibt es mehrere Möglichkeiten, von denen zwei hier durchgerechnet werden.

1. Möglichkeit: Erweitern auf gemeinsamen Nenner

2001: $\quad \dfrac{3}{5} = \dfrac{36}{60}$ (Erweitern mit 12)

2003: $\quad \dfrac{7}{12} = \dfrac{35}{60}$ (Erweitern mit 5)

Bei gleichem Nenner führt der größere Zähler auch zum größeren Bruch und somit ist der „Flitz"-Anteil im Jahr 2001 am größten.

2. Möglichkeit: Verwendung der Dezimalschreibweise

2001: $\quad \dfrac{3}{5} = 0{,}6$

2003: $\quad \dfrac{7}{12} = 7:12 = 0{,}58\ldots$

Durch Vergleich der Dezimalen folgt, dass der „Flitz"-Anteil im Jahre 2001 am größten war.

Aufgabe 5

zum Beispiel:
Länge 40 cm, Breite 40 cm, Höhe 30 cm

Bewertung: Keine BE, falls eine Kantenlänge 1 cm oder weniger beziehungsweise 1 m oder mehr beträgt.

Hinweise und Tipps

Um das gegebene Volumen zu halbieren, kann man **eine** der Quaderkanten halbieren und die beiden anderen Kanten gleich lassen. Die Zeichnung zeigt dies für den Fall, dass die Länge halbiert wird, während Breite und Höhe nicht verändert werden.

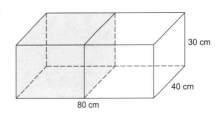

Aufgabe 6

$8x - 16$
oder auch
$8(x-2)$

Bewertung: Keine BE wird bei folgenden groben Fehlern vergeben, auch wenn noch richtige Rechenschritte zu verzeichnen sind:
$(4-x)^2 = 16 - x^2$ bzw.
$x^2 - (4-x)(4-x) = x^2 - 16 - 4x - 4x + x^2$

Hinweise und Tipps

Der Term wird schrittweise durch Anwendung der bekannten Rechenregeln vereinfacht.

$x^2 - (4-x)^2 =$ Quadrat als Produkt schreiben.

$x^2 - (4-x) \cdot (4-x) =$ „Punkt vor Strich" beachten! Wir setzen zur Sicherheit eine eckige Klammer.

$x^2 - [(4-x) \cdot (4-x)] =$ Produkt in der eckigen Klammer nach dem Motto „Jeder mit jedem" ausmultiplizieren. Vorzeichen beachten!

$x^2 - [16 - 4x - 4x + x^2] =$ Eckige Klammer auflösen: Das Minus vor der Klammer ändert alle Vorzeichen in der Klammer.

$x^2 - 16 + 4x + 4x - x^2 =$ Gleichartige Summanden zusammenfassen.

$8x - 16$

Bemerkung: Wenn du die binomische Formel $(a-b)^2 = a^2 - 2ab + b^2$ kennst, kannst du etwas zügiger umformen: $(4-x)^2 = 4^2 - 2 \cdot 4 \cdot x + x^2 = 16 - 8x + x^2$.

Aufgabe 7

a) $\left(-\frac{1}{2}\right)^3 = -\frac{1}{8}$;

$\left(-\frac{1}{2}\right)^4 = \frac{1}{16}$

b)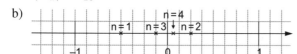

c) **Der neue Punkt liegt halb so weit vom Nullpunkt entfernt wie der alte, und zwar so, dass der Nullpunkt zwischen den beiden Punkten liegt.**

Bewertung: Auch Formulierungen wie „… und liegt auf der anderen Seite der Null" gelten.

Hinweise und Tipps

Diese Aufgabe ist völlig identisch mit der Aufgabe 7 der Gruppe A. Schau also dort nach, wenn du noch ausführlichere Lösungshinweise benötigst.

Aufgabe 8

Flächeninhalt ca. 3 km²

Bewertung: 1 BE wird abgezogen, wenn zum Beispiel ein Rechteck verwendet wird, das den See vollständig enthält. Das deutliche Einzeichnen des Näherungsrechtecks zählt als „nachvollziehbare Vorgehensweise".

Hinweise und Tipps

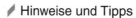

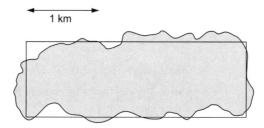

Die Zeichnung zeigt den See und ein „Ausgleichsrechteck", das näherungsweise den gleichen Inhalt wie der See hat.

Die in der Angabe dargestellte 1 km-Strecke passt gerade dreimal in die Länge des Rechtecks. Seine Breite ist genauso lang wie die 1 km-Strecke. Der Inhalt des Näherungsrechtecks beträgt A = 3 km · 1 km = 3 km².

Aufgabe 9

a) **Man zeichnet eine Strecke [PQ] sowie um P und Q je einen Kreis mit Radius PQ. Dann verbindet man einen Schnittpunkt der beiden Kreise mit P und mit Q.**

Bewertung: Die Konstruktionsbeschreibung darf auch für das spezielle gleichseitige Dreieck DCE dieser Aufgabe durchgeführt werden. Ausführlichere Formulierungen sind natürlich zulässig, jedoch keine formalen Schreibweisen wie

$k(P; r = \overline{PQ}) \cap k(Q; r = \overline{PQ})$.

Hinweise und Tipps

Die Figur veranschaulicht die Konstruktionsbeschreibung.

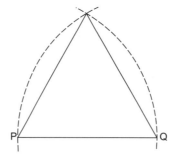

b) $\gamma = 150°$

Bewertung: Eine Herleitung ist hier nicht verlangt.

Im gleichseitigen Dreieck beträgt bekanntlich jeder Winkel 60°. Also gilt $\gamma = 90° + 60° = 150°$ (siehe Figur!).

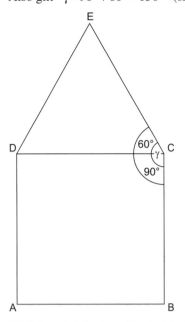

c) $\varepsilon = 30°$

Bewertung: 1 BE für die Berechnung des Winkels ε_1 oder des Winkels β_1 (siehe Figur).

Weil das gleichseitige Dreieck DCE über der Quadratseite [DC] errichtet wurde, sind die Strecken [BC] und [CE] gleich lang. Das Dreieck BCE ist also gleichschenklig und hat somit zwei gleich große Basiswinkel $\varepsilon_1 = \beta_1$. Ihre Größe kann mit Hilfe der Winkelsumme im Dreieck berechnet werden:

$\varepsilon_1 = \beta_1 = (180° - \gamma) : 2 = (180° - 150°) : 2 = 30° : 2 = 15°$

1. Möglichkeit:

Wegen der Achsensymmetrie der Figur gilt
$\varepsilon_1' = \varepsilon_1 = 15°$.

Da im gleichseitigen Dreieck bei E ein 60°-Winkel auftritt, ergibt sich
$\varepsilon = 60° - \varepsilon_1' - \varepsilon_1 = 60° - 2 \cdot 15° = 30°$.

Weitere Berechnungsmöglichkeiten sind in der Lösung zu Aufgabe 9 der Gruppe A beschrieben. Du kannst das dortige Vorgehen leicht auf Aufgabe 9 der Gruppe B übertragen.

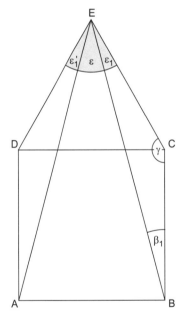

Bayerischer Mathematik Test 2006
8. Jahrgangsstufe Gymnasium, Gruppe A

Aufgabe 1

Bestimme die Lösung der Gleichung $x - 22 = 6 \cdot (0,5x + 2)$.

$x - 22 = 6 \cdot 0,5x + 6 \cdot 2$

$x - 22 = 3x + 12 \quad / -12$

$x - 34 = 3x \quad / -x$

$-34 = 2x \quad / :2$

$17 = x$

Aufgabe 2

a) Die nebenstehende Figur ist achsensymmetrisch. Konstruiere die Symmetrieachse. Die Konstruktionslinien müssen erkennbar sein.

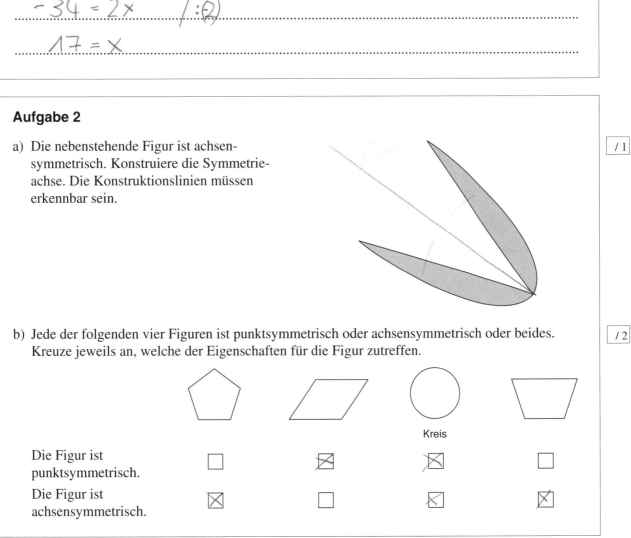

b) Jede der folgenden vier Figuren ist punktsymmetrisch oder achsensymmetrisch oder beides. Kreuze jeweils an, welche der Eigenschaften für die Figur zutreffen.

	Fünfeck	Parallelogramm	Kreis	Trapez
Die Figur ist punktsymmetrisch.	☐	☒	☒	☐
Die Figur ist achsensymmetrisch.	☒	☐	☒	☒

Aufgabe 3

Ein Glücksrad wurde 20-mal gedreht. Die nebenstehende Tabelle zeigt, wie oft dieses Zufallsexperiment einen Hauptgewinn, einen Trostpreis bzw. eine Niete als Ergebnis brachte.

Hauptgewinn	Trostpreis	Niete
3	5	12

Entscheide für jede der vier folgenden Aussagen, ob sie richtig oder falsch ist.

a) Die relative Häufigkeit für einen Trostpreis beträgt 0,25. — richtig ☒

Bei 12 % der Drehungen wurde eine Niete erzielt. — falsch ☒

b) Bei den nächsten 20 Drehungen wird sicher genau dreimal ein Hauptgewinn erzielt. — falsch ☒

Es ist möglich, bei den nächsten 20 Drehungen nur Nieten zu erzielen. — richtig ☒

Aufgabe 4

Berechne den Wert des Terms $(-2) \cdot 6 \cdot \frac{3}{4} + (-2)^3$.

$= -12 \cdot \frac{3}{4} + 8 =$

$= -9 + 8 = -1$

Aufgabe 5

Die junge Elefantenkuh Saphira wird im Zoo regelmäßig gewogen. Sie ist jetzt 3 Jahre alt und wiegt 1,40 t.

a) Vor einem Jahr wog Saphira noch 1,05 t. Wie viele Kilogramm nahm sie im Laufe des Jahres zu?

1,40 t − 1,05 t = 35 T = 3500 kg

b) Der Tierpfleger stellt fest: Saphira ist mit ihren 1,40 t noch 30 % leichter als der junge Elefantenbulle Draco. Berechne, wie schwer Draco ist.

Aufgabe 6

In einer Ausstellung wird ein Modell der Münchner Fußball-Arena im Maßstab 1:50 gezeigt. Das Modell ist 1 Meter hoch, 5 Meter lang und 4,5 Meter breit. Das Spielfeld hat im Modell einen Flächeninhalt von 4 m².

a) Wie lang ist die Fußball-Arena in Wirklichkeit?

50m hoch   250m lang

b) Ein Fußballfan möchte in seinem Garten ein Modell der Fußball-Arena im Maßstab 1:100 aufbauen. Welche Höhe hat dieses Modell und wie groß ist der Flächeninhalt des Spielfelds in diesem Modell?

Aufgabe 7

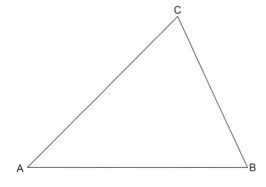

a) Berechne den Flächeninhalt des Dreiecks ABC. Bestimme dazu nötige Steckenlängen durch Messung.

b) Zeichne in die Abbildung ein rechtwinkliges Dreieck, das den gleichen Flächeninhalt wie das Dreieck ABC besitzt.

Aufgabe 8

Für ein Referat möchte Anna die durchschnittliche Körpergröße aller Schülerinnen und Schüler der Klasse 8a ermitteln. Beschreibe, wie sie vorgehen muss, um diesen Wert zu bestimmen.

1. Alle Größen der Klasse messen.
2. Zusammenzählen
3. Durch die Anzahl der Schüler teilen.

Aufgabe 9

Aus Edelstahlstangen der Länge 1 m werden Geländer nach nebenstehendem Muster angefertigt.
Für das abgebildete Geländer der Länge 5 m benötigt man 19 Stangen.

a) Wie viele Stangen benötigt man insgesamt für ein Geländer der Länge 7 m?

24

b) Begründe, dass der Term $4n - 1$ allgemein die Anzahl der benötigten Stangen für eine Geländerlänge von n Metern beschreibt.

Weil immer 4 Stangen benötigt werden aber wenn es verbunden wird wird die Stange von dem vorherigen Geländerteil benutzt

c) Mit welcher Anzahl von Stangen lässt sich ein Geländer nach obigem Muster bauen, ohne dass Stangen übrig bleiben? Kreuze alle Möglichkeiten an.

☐ 98   ☒ 99   ☐ 100   ☐ 101
☒ 102 ☒ 103 ☐ 104   ☐ 105

Lösungen

Aufgabe 1

$x = -5$

Bewertung: Die Angabe der Lösungsmenge in der Form $\mathbb{L} = \{-5\}$ ist nicht erforderlich. 1 BE Abzug pro Rechenfehler bzw. fehlendem Rechenschritt.

Hinweise und Tipps

Die Gleichung wird schrittweise durch Anwendung von Äquivalenzumformungen gelöst.

$x - 22 = 6 \cdot (0,5x - 2)$	Ausmultiplizieren der rechten Seite (D-Gesetz).
$x - 22 = 6 \cdot 0,5x - 6 \cdot 2$	Produkte auf der rechten Seite ausrechnen.
$x - 22 = 3x - 12 \qquad \vert -3x$	Auf beiden Seiten der Gleichung 3x subtrahieren (1).
$-2x - 22 = -12 \qquad \vert +22$	Auf beiden Seiten der Gleichung 22 addieren (2).
$-2x = 10 \qquad \vert : (-2)$	Beide Gleichungsseiten durch (–2) dividieren. Beachte: $-2x = (-2) \cdot x$
$x = -5$	

Die beiden Umformungen (1) und (2) kannst du auch in einem Schritt ausführen. Sie haben das Ziel, die Variable x auf die eine, die Zahlen auf die andere Seite der Gleichung zu schaffen.

Aufgabe 2

a)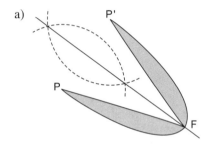

Hinweise und Tipps

Zur Konstruktion der Symmetrieachse braucht man zunächst zwei zueinander symmetrische Punkte wie zum Beispiel P und P' (siehe Figur links). Zwei Kreise um P beziehungsweise P' und **gleichem** (genügend großem) Radius schneiden sich dann in zwei Punkten der Symmetrieachse.

Ergänzungen:
- Der Punkt F liegt auf der Symmetrieachse.
- Zueinander symmetrische Punkte findet man auch mit Hilfe von Kreisen um F (in der Figur A und A' und B und B').
- Der Konstruktion liegt folgender Satz zugrunde: Achsenpunkte und nur diese sind von zwei zueinander symmetrischen Punkten gleich weit entfernt.
- Die Symmetrieachse halbiert den Winkel P'FP (Grundkonstruktion Winkelhalbierende!).

b)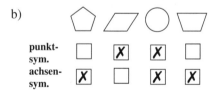

Bewertung: Für jede Figur, deren Symmetrieeigenschaften nicht richtig festgestellt sind, wird 1 BE abgezogen.

Die 5 Symmetrieachsen des Fünfecks gehen jeweils durch eine Ecke. Punktsymmetrie kann nicht vorliegen, denn zu jeder Ecke müsste es eine dazu punktsymmetrische Ecke geben, und das geht bei fünf Ecken nicht auf.

Das Symmetriezentrum des Parallelogramms ist der Schnittpunkt seiner Diagonalen.

Ein Kreis ist zu seinem Mittelpunkt symmetrisch. Jede Gerade durch den Mittelpunkt ist Symmetrieachse.

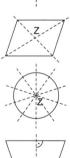

Die Symmetrieachse des gleichschenkligen Trapezes ist eingezeichnet. Punktsymmetrie kann nicht vorliegen, denn dazu müssten sich die Diagonalen gegenseitig halbieren wie beim Parallelogramm.

Aufgabe 3

a)

	richtig	falsch
Die relative Häufigkeit für einen Trostpreis beträgt 0,25.	☒	☐
Bei 12 % der Drehungen wurde eine Niete erzielt.	☐	☒

Hinweise und Tipps

5 von 20 Drehungen ergaben einen Trostpreis, das ist ein Anteil von $\frac{5}{20} = \frac{1}{4} = 0{,}25$. Die relative Häufigkeit für einen Trostpreis ist also 0,25.
(Die Zahl 5 gibt die absolute Häufigkeit für einen Trostpreis an.)

Eine Niete wurde bei 12 von 20 Drehungen, also bei $\frac{12}{20} = \frac{60}{100} = 60\,\%$ der Drehungen erzielt. Die zweite Aussage ist demnach falsch.

b)

	richtig	falsch
Bei den nächsten 20 Drehungen wird sicher genau dreimal ein Hauptgewinn erzielt.	☐	☒
Es ist möglich, bei den nächsten 20 Drehungen nur Nieten zu erzielen.	☒	☐

Ein typisches Zufallsgeschehen: bei **jeder** Drehung des Glücksrads sind sowohl ein Hauptgewinn, ein Trostpreis oder eine Niete **möglich.**

Aufgabe 4

−17

Bewertung:
1 BE Abzug pro Rechenfehler bzw. fehlendem Rechenschritt.
0 BE, wenn du die Regel „Punkt vor Strich" nicht beachtet hast.

$(-2) \cdot 6 \cdot \frac{3}{4} + (-2)^3 =$

$(-12) \cdot \frac{3}{4} + (-8) =$

$(-9) + (-8) = -17$

Hinweise und Tipps

Der gegebene Term ist eine Summe. Der erste Summand ist ein Produkt aus drei Faktoren, der zweite Summand ist die dritte Potenz von (−2).

Die ersten beiden Faktoren des Produkts multiplizieren.
Gleichzeitig $(-2)^3 = (-2) \cdot (-2) \cdot (-2)$ berechnen.

Ausführlich: $(-12) \cdot \frac{3}{4} = -\frac{12}{1} \cdot \frac{3}{4} = -\frac{3}{1} \cdot \frac{3}{1}$

Aufgabe 5

a) **350 kg**

b) **2 t**

Bewertung: Für einen richtigen Ansatz erhältst du auf alle Fälle 1 BE, auch wenn in der folgenden Rechnung mehrere Fehler auftreten.

Hinweise und Tipps

$1{,}40\,\text{t} - 1{,}05\,\text{t} = 0{,}35\,\text{t} = 350\,\text{kg}$
Beachte: $1\,\text{t} = 1\,000\,\text{kg}$.

Aus der Aussage „Saphira ist 30 % leichter als Draco." erkennst du, dass sich die Prozentangabe auf Dracos Masse bezieht, Dracos Masse hier Grundwert ist.

Saphiras Masse beträgt $100\,\% - 30\,\% = 70\,\%$ von der Dracos. Der Grundwert (Dracos Masse) ist gesucht. Zu seiner Berechnung gibt es mehrere Möglichkeiten. Zur Abkürzung wird Dracos Masse mit D bezeichnet.

1. Lösungsweg: Mit Hilfe einer Schlussrechnung
70 % von D sind 1,4 t.
10 % von D sind $1{,}4\,\text{t} : 7 = 0{,}2\,\text{t}$.
100 % von D sind $0{,}2\,\text{t} \cdot 10 = 2\,\text{t}$.
Also wiegt Draco 2 Tonnen.
Du kannst von den 70 % auch zunächst auf 1 % und dann auf 100 % schließen.

2. Lösungsweg: Mit Hilfe einer Gleichung

70 % von D = 1,4 t   „Anteil von …" = „Anteil mal …"

70 % · D = 1,4 t

0,7 · D = 1,4 t   Division beider Gleichungsseiten durch 0,7

D = 2 t   1,4 : 0,7 = 14 : 7 = 2 (Gleichsinnige Kommaverschiebung)

Die Gleichung 0,7 · D = 1,4 t ist so einfach, dass du ihre Lösung auch ohne weitere Nebenrechnung angeben kannst.

Aufgabe 6

a) **250 m**

Hinweise und Tipps

Bei einem Maßstab von 1 : 50 ist jede Länge in Wirklichkeit 50-mal so groß wie im Modell. Die wirkliche Länge der Fußball-Arena beträgt
5 m · 50 = 250 m.

b) **Höhe: 0,5 m;**
   Flächeninhalt: 1 m²

Bewertung:
Für jedes richtige Teilergebnis gibt es eine BE.

Berechnung der Höhe im Gartenmodell

1. Lösungsweg: Über den Vergleich der Maßstäbe

Beim Ausstellungsmodell beträgt jede Länge $\frac{1}{50}$ der wirklichen Länge.
Beim Gartenmodell beträgt jede Länge $\frac{1}{100}$ der wirklichen Länge.
Der Fußballfan muss also jede Längenangabe des Ausstellungsmodells halbieren. Da das Ausstellungsmodell 1 m hoch ist, wird das Gartenmodell 1 m : 2 = 0,5 m hoch.

2. Lösungsweg: Über die Berechnung der wirklichen Höhe

Das Ausstellungsmodell ist 1 m hoch. In Wirklichkeit ist die Allianz-Arena also 1 m · 50 = 50 m hoch. Das Gartenmodell hat eine Höhe von
50 m : 100 = 0,5 m.

Berechnung des Spielfeldinhalts im Gartenmodell

Vom Spielfeld ist nur der Flächeninhalt 4 m² (im Ausstellungsmodell) angegeben, die genauen Abmessungen sind nicht bekannt. Du kannst dir das Spielfeld im Ausstellungsmodell als Quadrat mit 2 m Seitenlänge vorstellen (2 m · 2 m = 4 m²). Jetzt kannst du wieder wie bei der Berechnung der Höhe im Gartenmodell vorgehen.

1. Lösungsweg: Über den Vergleich der Maßstäbe

Da beim Übergang zum Gartenmodell alle Längen halbiert werden, hat das Spielfeld dort den Flächeninhalt 1 m · 1 m = 1 m².

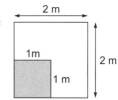

2. Lösungsweg: Über die Berechnung der „wirklichen" Spielfeldseiten

In Wirklichkeit hätte das gedachte Quadrat von 2 m Seitenlänge eine Länge von 2 m · 50 = 100 m. Im Gartenmodell wäre es dann 100 m : 100 = 1 m lang und hätte einen Inhalt von 1 m².

Aufgabe 7

a) **Der Flächeninhalt beträgt ca. 12 m^2**

Hinweise und Tipps

1. Lösungsweg: Anwendung der Flächenformel für das Dreieck

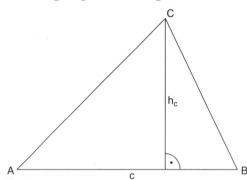

Der Flächeninhalt eines Dreiecks berechnet sich als „Ein Halb mal Grundlinie mal zugehörige Höhe". Es liegt nahe, als Grundlinie die Seite c = [AB] zu wählen:

$A = \frac{1}{2} \cdot c \cdot h_c$

Die Messung ergibt c = 6 cm und h_c = 4 cm.

Einsetzen in die Formel liefert $A = \frac{1}{2} \cdot 6 \text{ cm} \cdot 4 \text{ cm} = 12 \text{ cm}^2$.

2. Lösungsweg: Vergleich des Dreiecks mit einem flächengleichen Rechteck

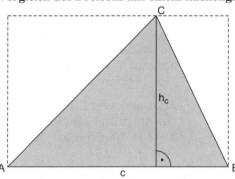

Die Figur zeigt, dass der Flächeninhalt des Dreiecks ABC halb so groß ist wie der eines Rechtecks mit Seiten c und h_c.

Dreiecksinhalt: $A = \frac{1}{2} \cdot 6 \text{ cm} \cdot 4 \text{ cm} = 12 \text{ cm}^2$.

b) **z. B. Zeichnung eines rechtwinkligen Dreiecks mit Kathetenlängen 6 cm und 4 cm**

1. Lösungsweg: Verwandlung des Dreiecks ABC

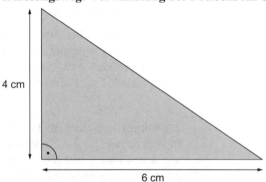

Der Inhalt eines Dreiecks ändert sich nicht, wenn man die Grundlinie und die zugehörige Höhe nicht verändert („Dreiecksinhalt = Ein Halb mal Grundlinie mal zugehörige Höhe"). Also genügt es, ein rechtwinkliges Dreieck mit einer 6 cm langen Grundlinie und einer 4 cm langen zugehörigen Höhe zu zeichnen. Wählt man die eine Kathete als Grundlinie, so wird die andere Kathete zur Höhe.

Rein zeichnerische Lösung:
Der Punkt C des Dreiecks ABC wird auf einer Parallelen zur Grundlinie [AB] verschoben, bis bei B (oder bei A) ein rechter Winkel entsteht.
Die Dreiecke ABC' und ABC sind dann flächengleich.

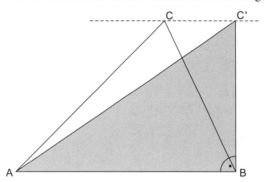

2. Lösungsweg: Rechtwinkliges Dreieck als halbes Rechteck

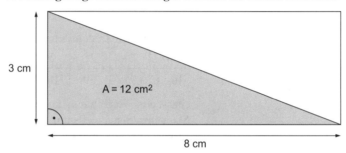

Zeichnung eines Rechtecks mit dem Flächeninhalt $2 \cdot 12 \text{ cm}^2 = 24 \text{ cm}^2$ und anschließende Halbierung entlang einer Diagonalen.
Geeignet sind zum Beispiel Rechtecke mit Seitenlängen 6 cm und 4 cm oder 8 cm und 3 cm.

Aufgabe 8

Anna muss die Körpergrößen aller Schülerinnen und Schüler addieren und das Ergebnis durch die Anzahl aller Schülerinnen und Schüler dividieren.

Hinweise und Tipps

Die so berechnete durchschnittliche Körpergröße heißt auch *Mittelwert* oder *arithmetisches Mittel* (der Körpergrößen). Das arithmetische Mittel wird berechnet, indem man die Summe aller Werte durch deren Anzahl dividiert.

Aufgabe 9

a) **27 Stangen**

Bewertung: Du bekommst die BE auch, wenn du zur Lösung von Teilaufgabe 9a in den Term der Teilaufgabe 9b für n die Zahl 7 eingesetzt hast.

Hinweise und Tipps

Um das Geländer um 2 m zu verlängern, braucht man 8 Stangen mehr, also $19 + 8 = 27$ Stangen.

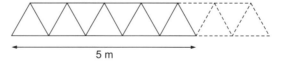

b) **z. B.: Für den Aufbau des Geländers von links nach rechts benötigt man pro Meter ein Stangenteil aus 4 Stangen:**

Bei einer Geländerlänge von n Metern arbeitet man also zunächst mit 4n Stangen. Am rechten Ende muss jedoch die überstehende waagrechte Stange entfernt werden. Also benötigt man insgesamt 4n − 1 Stangen.

Bewertung: 0 BE gibt es für den Nachweis, dass der Term für spezielle Werte von n (z. B. für n = 5 und n = 7) das richtige Ergebnis liefert.

Weitere Begründungsmöglichkeit:

Für eine Geländerlänge von n Metern benötigt man unten **n** horizontale Stangen, **n** Stangen der Stellung /, **n** Stangen der Stellung \ und oben **n − 1** horizontale Stangen.

Gesamtzahl der benötigten Stangen: $n + n + n + n - 1 = 4n - 1$.

c) **99; 103**

Die gesuchten Zahlen stehen in der Wertetabelle des Terms $4n - 1$.

n	24	25	26	27
4n − 1	95	**99**	**103**	107

(Fast) ohne Berechnung kommt aus, wer bemerkt, dass die gesuchten Stangenzahlen jeweils um 1 kleiner sind als die Vielfachen von 4. Insbesondere können sie nicht gerade sein.

Bayerischer Mathematik Test 2006
8. Jahrgangsstufe Gymnasium, Gruppe B

Aufgabe 1

Bestimme die Lösung der Gleichung $x - 22 = 8 \cdot (0{,}5x - 2)$.

....

....

....

....

....

Aufgabe 2

a) Die nebenstehende Figur ist achsensymmetrisch. Konstruiere die Symmetrieachse. Die Konstruktionslinien müssen erkennbar sein.

b) Jede der folgenden vier Figuren ist punktsymmetrisch oder achsensymmetrisch oder beides. Kreuze jeweils an, welche der Eigenschaften für die Figur zutreffen.

	Parallelogramm	Kreis	Dreieck	Trapez
Die Figur ist punktsymmetrisch.	☐	☐	☐	☐
Die Figur ist achsensymmetrisch.	☐	☐	☐	☐

Aufgabe 3

Ein Glücksrad wurde 20-mal gedreht. Die nebenstehende Tabelle zeigt, wie oft dieses Zufallsexperiment einen Hauptgewinn, einen Trostpreis bzw. eine Niete als Ergebnis brachte.

Hauptgewinn	Trostpreis	Niete
4	2	14

Entscheide für jede der vier folgenden Aussagen, ob sie richtig oder falsch ist.   richtig   falsch

a) Bei 14 % der Drehungen wurde eine Niete erzielt.   ☐ ☐

Die relative Häufigkeit für einen Hauptgewinn beträgt 0,2.   ☐ ☐

b) Es ist möglich, bei den nächsten 20 Drehungen nur Nieten zu erzielen.   ☐ ☐

Bei den nächsten 20 Drehungen wird sicher genau zweimal ein Trostpreis erzielt.   ☐ ☐

Aufgabe 4

Berechne den Wert des Terms $(-2) \cdot 6 \cdot \frac{3}{4} + (-2)^3$.

Aufgabe 5

Die Elefantenkuh Cathy wird im Zoo regelmäßig gewogen. Sie ist jetzt 6 Jahre alt und wiegt 2,40 t.

a) Vor einem Jahr wog Cathy noch 2,05 t. Wie viele Kilogramm nahm sie im Laufe des Jahres zu?

b) Der Tierpfleger stellt fest: Cathy ist mit ihren 2,40 t noch 20 % leichter als der junge Elefantenbulle Abu. Berechne, wie schwer Abu ist.

Aufgabe 6

In einer Ausstellung wird ein Modell der Münchner Fußball-Arena im Maßstab 1 : 50 gezeigt. Das Modell ist 5 Meter lang, 4,5 Meter breit und 1 Meter hoch. Das Spielfeld hat im Modell einen Flächeninhalt von 4 m².

a) Wie lang ist die Fußball-Arena in Wirklichkeit?

b) Ein Fußballfan möchte in seinem Garten ein Modell der Fußball-Arena im Maßstab 1 : 100 aufbauen. Welche Höhe hat dieses Modell und wie groß ist der Flächeninhalt des Spielfelds in diesem Modell?

Aufgabe 7

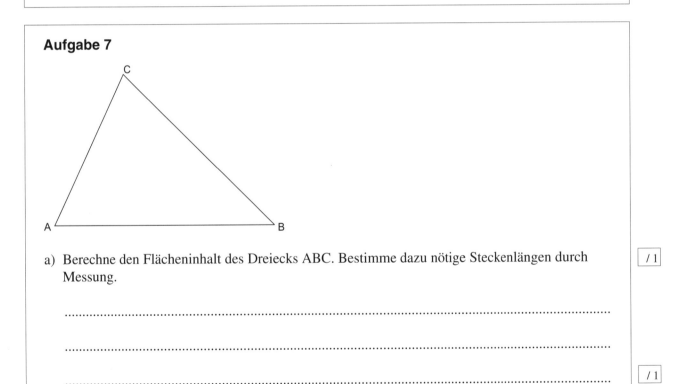

a) Berechne den Flächeninhalt des Dreiecks ABC. Bestimme dazu nötige Steckenlängen durch Messung.

b) Zeichne in die Abbildung ein rechtwinkliges Dreieck, das den gleichen Flächeninhalt wie das Dreieck ABC besitzt.

Aufgabe 8

Für ein Referat möchte Paul die durchschnittliche Körpergröße aller Schülerinnen und Schüler der Klasse 8b ermitteln. Beschreibe, wie sie vorgehen muss, um diesen Wert zu bestimmen.

....

....

....

....

Aufgabe 9

Aus Edelstahlstangen der Länge 1 m werden Geländer nach nebenstehendem Muster angefertigt.
Für das abgebildete Geländer der Länge 4 m benötigt man 15 Stangen.

a) Wie viele Stangen benötigt man insgesamt für ein Geländer der Länge 6 m?

....

....

b) Begründe, dass der Term $4n - 1$ allgemein die Anzahl der benötigten Stangen für eine Geländerlänge von n Metern beschreibt.

....

....

....

....

....

c) Mit welcher Anzahl von Stangen lässt sich ein Geländer nach obigem Muster bauen, ohne dass Stangen übrig bleiben? Kreuze alle Möglichkeiten an.

☐ 93   ☐ 94   ☐ 95   ☐ 96
☐ 97   ☐ 98   ☐ 99   ☐ 100

Lösungen

Aufgabe 1

x = −2

Bewertung: Die Angabe der Lösungsmenge in der Form $\mathbb{L} = \{-2\}$ ist nicht erforderlich. 1 BE Abzug pro Rechenfehler bzw. fehlendem Rechenschritt.

Hinweise und Tipps

Die Gleichung wird schrittweise durch Anwendung von Äquivalenzumformungen gelöst.

$x - 22 = 8 \cdot (0{,}5x - 2)$ Ausmultiplizieren der rechten Seite (D-Gesetz).
$x - 22 = 4x - 16$ $\mid -4x + 22$ Auf beiden Seiten 4x subtrahieren und 22 addieren.
$-3x = 6$ $\mid : (-3)$ Beide Gleichungsseiten durch (−3) dividieren.
$x = -2$ Beachte: $-3x = (-3) \cdot x$

Aufgabe 2

a)

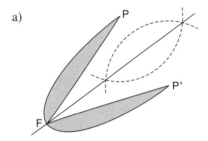

Hinweise und Tipps

Zur Konstruktion der Symmetrieachse benötigt man zwei zueinander symmetrische Punkte wie zum Beispiel P und P' (siehe Figur links). Zwei Kreise um P beziehungsweise P' und **gleichem** (genügend großem) Radius schneiden sich dann in zwei Punkten der Symmetrieachse.

b)

	▱	○	▽	⏢
punkt-sym.	☒	☒	☐	☐
achsen-sym.	☐	☒	☒	☒

Bewertung: Für jede Figur, deren Symmetrieeigenschaften nicht richtig festgestellt sind, wird 1 BE abgezogen.

Das Symmetriezentrum des Parallelogramms ist der Schnittpunkt seiner Diagonalen.
Ein Kreis ist zu seinem Mittelpunkt symmetrisch. Jede Gerade durch den Mittelpunkt ist Symmetrieachse.

Die 3 Symmetrieachsen des Dreiecks gehen jeweils durch eine Ecke. Punktsymmetrie kann nicht vorliegen, denn zu jeder Ecke müsste es eine dazu punktsymmetrische Ecke geben, und das geht bei drei Ecken nicht auf.

Die Symmetrieachse des gleichschenkligen Trapezes ist eingezeichnet. Punktsymmetrie kann nicht vorliegen, denn dazu müssten sich die Diagonalen gegenseitig halbieren wie beim Parallelogramm.

Aufgabe 3

a)

	richtig	falsch
Bei 14 % der Drehungen wurde eine Niete erzielt.	☐	☒
Die relative Häufigkeit für einen Hauptgewinn beträgt 0,2.	☒	☐

Hinweise und Tipps

Eine Niete wurde bei 14 von 20 Drehungen, also bei $\frac{14}{20} = \frac{70}{100} = 70\,\%$ der Drehungen erzielt. Die erste Aussage ist demnach falsch.

4 von 20 Drehungen ergaben einen Hauptgewinn, das ist ein Anteil von $\frac{4}{20} = \frac{1}{5} = 0{,}2$. Die *relative Häufigkeit* für einen Hauptgewinn ist also 0,2. (Die Zahl 4 gibt die *absolute Häufigkeit* für einen Hauptgewinn an.)

b)

	richtig	falsch	
Es ist möglich, bei den nächsten 20 Drehungen nur Nieten zu erzielen.	X	☐	Ein typisches Zufallsgeschehen: bei **jeder** Drehung des Glücksrads sind sowohl ein Hauptgewinn, ein Trostpreis oder eine Niete **möglich**.
Bei den nächsten 20 Drehungen wird sicher genau zweimal ein Trostpreis erzielt.	☐	X	

Aufgabe 4

−17

Bewertung:
1 BE Abzug pro Rechenfehler bzw. fehlendem Rechenschritt.
0 BE, wenn du die Regel „Punkt vor Strich" nicht beachtet hast.

Hinweise und Tipps

Diese Termberechnung ist mit der aus Gruppe A identisch.

Aufgabe 5

a) **350 kg**

b) **3 t**

Bewertung: Für einen richtigen Ansatz erhältst du auf alle Fälle 1 BE, auch wenn in der folgenden Rechnung mehrere Fehler auftreten.

Hinweise und Tipps

$2{,}40\,t - 2{,}05\,t = 0{,}35\,t = 350\,kg$
Beachte: $1\,t = 1\,000\,kg$.

Aus der Aussage „Cathy ist 20 % leichter als Abu." erkennst du, dass sich die Prozentangabe auf Abus Masse bezieht. Cathys Masse beträgt $100\,\% - 20\,\% = 80\,\%$ von der Abus.

Zur Berechnung von Abus Masse (A) gibt es mehrere Möglichkeiten.

1. Lösungsweg: Mit Hilfe einer Schlussrechnung
80 % von A sind 2,4 t.
10 % von A sind $2{,}4\,t : 8 = 0{,}3\,t$.
100 % von A sind $0{,}3\,t \cdot 10 = 3\,t$.
Also wiegt Abu 3 Tonnen.
Du kannst von den 80 % auch zunächst auf 1 % und dann auf 100 % schließen.

2. Lösungsweg: Mit Hilfe einer Gleichung
$80\,\%$ von $A = 2{,}4\,t$
$80\,\% \cdot A = 2{,}4\,t$
$0{,}8 \cdot A = 2{,}4\,t$
$A = 3\,t$

Aufgabe 6

a) **250 m**

b) **Höhe: 0,5 m;**
Flächeninhalt: 1 m²

Bewertung:
Für jedes richtige Teilergebnis gibt es eine BE.

Hinweise und Tipps

Diese Aufgabe ist mit Aufgabe 6 der Gruppe A identisch.

Lösungen — BMT 8 – 2006, Gruppe B

Aufgabe 7

a) **Der Flächeninhalt beträgt ca. 12 m²**

Hinweise und Tipps

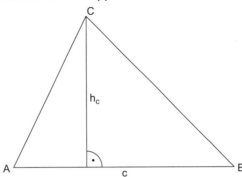

Mit c = [AB] als Grundlinie ergibt die Messung näherungsweise: c = 6 cm und h_c = 4 cm.

Das Dreieck hat den Flächeninhalt $A = \frac{1}{2} \cdot c \cdot h_c = \frac{1}{2} \cdot 6 \text{ cm} \cdot 4 \text{ cm} = 12 \text{ cm}^2$.

b) **z. B. Zeichnung eines rechtwinkligen Dreiecks mit Kathetenlängen 6 cm und 4 cm**

In einem rechtwinkligen Dreieck sind die Katheten Grundlinie und zugehörige Höhe. Jedes rechtwinklige Dreieck kann als Hälfte eines Rechtecks aufgefasst werden.

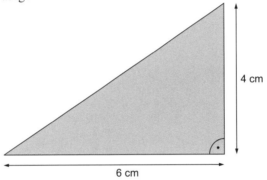

Aufgabe 8

Paul muss die Körpergrößen aller Schülerinnen und Schüler addieren und das Ergebnis durch die Anzahl aller Schülerinnen und Schüler dividieren.

Hinweise und Tipps

Die so berechnete durchschnittliche Körpergröße heißt auch *Mittelwert* oder *arithmetisches Mittel* (der Körpergrößen). Das arithmetische Mittel wird berechnet, indem man die Summe aller Werte durch deren Anzahl dividiert.

Aufgabe 9

a) **23 Stangen**

Bewertung: Du bekommst die BE auch, wenn du zur Lösung von Teilaufgabe 9a in den Term der Teilaufgabe 9b für n die Zahl 6 eingesetzt hast.

Hinweise und Tipps

Um das Geländer um 2 m zu verlängern, braucht man 8 Stangen mehr, also 15 + 8 = 23 Stangen.

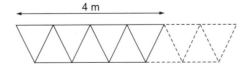

b) **z. B.: Für eine Geländerlänge von n Metern benötigt man unten n − 1 horizontale Stangen, ferner n Stangen der Stellung /, n Stangen der Stellung \ und oben n horizontale Stangen. Gesamtzahl der benötigten Stangen:**
n − 1 + n + n + n = 4n − 1.

Bewertung: 0 BE gibt es für den Nachweis, dass der Term für spezielle Werte von n (z. B. für n = 4 und n = 6) das richtige Ergebnis liefert.

Andere Begründungsmöglichkeit: siehe Gruppe A

c) **95; 99**

Die gesuchten Zahlen stehen in der Wertetabelle des Terms $4n - 1$.

n	23	24	25	26
4n − 1	91	**95**	**99**	103

(Fast) ohne Berechnung kommt aus, wer bemerkt, dass die gesuchten Stangenzahlen jeweils um 1 kleiner sind als die Vielfachen von 4. Insbesondere kann der Termwert nicht gerade sein.

Bayerischer Mathematik-Test 2007
8. Jahrgangsstufe Gymnasium, Gruppe A

Aufgabe 1

Für eine Ausstellung über Bayern soll auf einem großen Werbebanner die Statue der Bavaria abgebildet werden. Als Bildmotiv wird nebenstehendes Foto so vergrößert, dass es 20 m hoch ist.
Welche Gesamthöhe hat dann die Statue auf dem Werbebanner (ohne Sockel gemessen, Ergebnis auf Meter genau)?
Der Lösungsweg muss nachvollziehbar sein.

/ 1

Aufgabe 2

Die Tabelle zeigt für einen bayerischen Landkreis die prozentuale Verteilung der Schülerinnen und Schüler in der Jahrgangsstufe 8 auf die einzelnen Schularten im Schuljahr 2005/06.

Hauptschule	35 %
Realschule	25 %
Gymnasium	30 %
Sonstige Schularten	10 %

Diese Verteilung soll in nebenstehendem Kreisdiagramm veranschaulicht werden; die Sektoren für die Hauptschule und die Realschule sind bereits eingetragen.

a) Ergänze im Diagramm die beiden fehlenden Sektoren und beschrifte sie.

/ 1

b) Die vier Sektoren des vollständigen Kreisdiagramms sollen mit den vier Farben Blau, Grün, Orange und Rot gefüllt werden, jeder in einer anderen Farbe.
Wie viele unterschiedliche Farbgebungen sind möglich?

☐ $4 \cdot 4 \cdot 4 \cdot 4 = 256$ ☐ $4 \cdot 3 \cdot 2 \cdot 1 = 24$ ☐ $4 + 3 + 2 + 1 = 10$ ☐ $4 \cdot 4 = 16$

/ 1

2007-1

Aufgabe 3

Wandle jeweils in die in Klammern angegebene Einheit um.

4,35 km   (m)   ....

450 g   (kg)   ....

3 500 cm²   (dm²)   ....

eine Viertelstunde (s)   ....

Aufgabe 4

a) Konstruiere die Mittelsenkrechte der Strecke [AB] und zeichne den Kreis, der [AB] als Durchmesser hat.

× ———————————————— ×
A   B

b) C ist derjenige Schnittpunkt von Mittelsenkrechte und Kreis, der oberhalb der Strecke [AB] liegt. Das Dreieck ABC ist dann gleichschenklig, weil C auf der Mittelsenkrechten von [AB] liegt, und deshalb von A und B gleich weit entfernt ist.
Begründe, dass das Dreieck ABC auch rechtwinklig ist.

....

....

c) Es gilt: *In jedem gleichschenklig-rechtwinkligen Dreieck zerlegt die Mittelsenkrechte der Basis das Dreieck in zwei kongruente Teildreiecke.*
Kreuze an, welche der folgenden Argumentationen richtig sind.

Die zwei Teildreiecke sind kongruent, ...

☐ ... weil die Mittelsenkrechte Symmetrieachse des gleichschenklig-rechtwinkligen Dreiecks ist.

☐ ... weil man zeigen kann, dass die Teildreiecke in allen drei Winkeln übereinstimmen und Dreiecke, die in allen drei Winkeln übereinstimmen, immer kongruent sind.

☐ ... weil man zeigen kann, dass die Teildreiecke in allen drei Seiten übereinstimmen und Dreiecke, die in allen drei Seiten übereinstimmen, immer kongruent sind.

☐ ... weil man zeigen kann, dass die Flächeninhalte der Teildreiecke gleich groß sind und Dreiecke, die den gleichen Flächeninhalt besitzen, immer kongruent sind.

Aufgabe 5

a) Berechne den Wert des Terms $\left(\frac{3}{4} \cdot \frac{4}{5} - \frac{1}{3}\right) : 0{,}5$.

b) Durch welche Zahl muss man die Zahl 0,5 im obigen Term ersetzen, damit man den doppelten Termwert erhält?

Aufgabe 6

Im Jahr 2006 hat die Deutsche Bahn zwischen Nürnberg und Ingolstadt eine 89 km lange ICE-Hochgeschwindigkeitsstrecke in Betrieb genommen. Frau Dorn, die regelmäßig mit dem Zug von Nürnberg nach Ingolstadt fährt, stellt fest: „Für mich verkürzte sich die Fahrzeit von 70 Minuten auf 28 Minuten."

a) Um wie viel Prozent verkürzte sich die Fahrzeit von Frau Dorn?

b) Welcher Term beschreibt die Durchschnittsgeschwindigkeit in $\frac{km}{h}$, die der ICE auf der Hochgeschwindigkeitsstrecke besitzt?

☐ $\frac{28}{89} \cdot 60$ ☐ $\frac{89}{28} \cdot 3{,}6$ ☐ $\frac{89}{28} \cdot 60$ ☐ $\frac{89}{0{,}28}$

Aufgabe 7

a) Multipliziere aus und vereinfache: $(a-b) \cdot (a-2b) + 1{,}5ab$

b) Vereinfache so weit wie möglich: $(-x)^2 \cdot x + x^3$

Aufgabe 8

Berechne den Flächeninhalt des abgebildeten Vierecks ABCD.

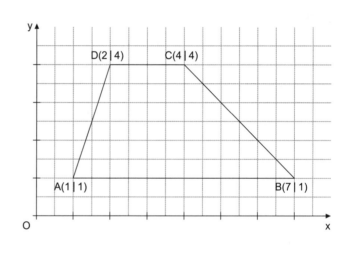

Aufgabe 9

In Rechtecke der Länge 5 cm und der Breite 2 cm wird jeweils ein rechteckiges Loch so geschnitten, dass rundum ein Randstreifen bleibt.

Mögliche Figuren sind z. B.:   oder

Nicht erlaubt sind z. B.:   oder

Gib zwei Möglichkeiten an, wie lang und breit solch ein Loch sein kann, wenn der Flächeninhalt des Lochs genauso groß sein soll wie der Flächeninhalt der Restfläche.

Lösungen

Aufgabe 1

16 m

Bewertung: Bei der Längenmessung in der Abbildung wird eine Abweichung von bis zu 2 mm akzeptiert.

Hinweise und Tipps

Durch Abmessen erhält man:
Höhe des Fotos: 5 cm,
Höhe der Statue im Foto: 4 cm

1. Lösungsweg:
Höhe der Statue auf dem Werbebanner:
$\frac{4}{5} \cdot 20 \text{ m} = 16 \text{ m}$

2. Lösungsweg:
Da der Werbebanner 20 m hoch sein soll, muss jede Länge um den Faktor
20 m : 5 cm = 2 000 cm : 5 cm = 400
vergrößert werden.
Höhe der Statue auf dem Werbebanner:
4 cm · 400 = 1 600 cm = 16 m

Aufgabe 2

a)

Bewertung: Der Rechenweg zur Ermittlung der Winkel war nicht verlangt. Auch die Zahlenwerte müssen nicht explizit angegeben werden.

b) ☐ $4 \cdot 4 \cdot 4 \cdot 4 = 256$
   ☒ $4 \cdot 3 \cdot 2 \cdot 1 = 24$
   ☐ $4 + 3 + 2 + 1 = 10$
   ☐ $4 \cdot 4 = 16$

Hinweise und Tipps

Rechnerische Lösung:
Nur einer der beiden folgenden Diagrammwinkel muss berechnet werden.
Zu „Gymnasium" gehört der Winkel
30 % von 360° = $\frac{3}{10} \cdot 360° = 3 \cdot 36° = 108°$.
Zu „Sonstige" gehört der Winkel
10 % von 360° = $\frac{1}{10} \cdot 360° = 36°$.

Konstruktive Lösung:
Wegen 30 % = $\frac{1}{2}$(35 % + 25 %) ist der zum Gymnasium gehörende Winkel halb so groß wie „Hauptschulwinkel" und „Realschulwinkel" zusammen.

Irgendwo muss man mit dem Färben beginnen, z. B. beim Sektor für die Hauptschule. Für diesen Sektor stehen dann 4 Farben zur Auswahl. Bei jeder dieser 4 Möglichkeiten stehen für den Sektor „Realschule" noch 3 Farben zur Auswahl, das ergibt insgesamt schon 4 · 3 Möglichkeiten. Bei jeder dieser 4 · 3 Möglichkeiten stehen für den Sektor „Gymnasium" noch 2 Farben zur Auswahl: insgesamt 4 · 3 · 2 Möglichkeiten. Für den letzten Sektor muss die einzig verbleibende Farbe genommen werden. Insgesamt sind also 4 · 3 · 2 · 1 = 24 verschiedene Farbgebungen möglich.

Aufgabe 3

4,35 km = 4 350 m
450 g = 0,450 kg
3 500 cm² = 35 dm²
$\frac{1}{4}$ h = 900 s

Bewertung: Pro Fehler oder fehlender Antwort musst du 1 BE abziehen.

Hinweise und Tipps

1 km = 1 000 m — Das Komma ist bei 4,35 km um 3 Stellen nach rechts zu verschieben.

1 kg = 1 000 g — Das Komma ist bei 450 g = 450,0 g um 3 Stellen nach links zu verschieben. Das Ergebnis 0,450 kg kann auch in der Form 0,45 kg angegeben werden.

1 dm² = 100 cm² — Bei Flächeneinheiten ist die Umrechnungszahl zur nächstkleineren Einheit 100.

$\frac{1}{4}$ h = $\frac{1}{4} \cdot 3 600$ s = 900 s   oder $\frac{1}{4}$ h = 15 min = 15 · 60 s = 900 s

Aufgabe 4

a)

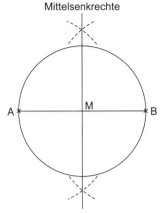

Mittelsenkrechte

Hinweise und Tipps

Um zwei Punkte der Mittelsenkrechten zu finden, schneidet man zwei Kreise um A und B, die den gleichen, ausreichend großen Radius haben. Die Mittelsenkrechte halbiert den Durchmesser [AB]. Damit ist der Mittelpunkt M des Kreises mit [AB] als Durchmesser gefunden. M darf jedoch auch mithilfe eines Lineals ermittelt werden („zeichne" den Kreis).

b) **Dreieck ABC ist rechtwinklig bei C, weil C auf dem Thaleskreis über [AB] liegt.**

Als „Thaleskreis über [AB]" bezeichnet man den Kreis mit [AB] als Durchmesser. Jeder Punkt C, der auf diesem Kreis liegt, bildet mit A und B ein rechtwinkliges Dreieck. (C ≠ A, C ≠ B)

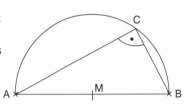

c) *Die zwei Teildreiecke sind kongruent, ...*

[X] *... weil die Mittelsenkrechte Symmetrieachse des gleichschenklig-rechtwinkligen Dreiecks ist.*

Richtige Argumentation.
Zueinander symmetrische Figuren sind insbesondere kongruent (deckungsgleich).

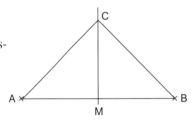

[ ] *... weil man zeigen kann, dass die Teildreiecke in allen drei Winkeln übereinstimmen und Dreiecke, die in allen drei Winkeln übereinstimmen, immer kongruent sind.*

Falsche Argumentation.
Zwar kann man zeigen, dass die Teildreiecke in allen drei Winkeln übereinstimmen, jedoch folgt hieraus noch nicht die Kongruenz der Teildreiecke. Die Figur zeigt als Gegenbeispiel zwei unterschiedlich große Dreiecke mit jeweils einem 90° Winkel und zwei 45° Winkeln.

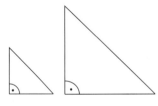

[X] *... weil man zeigen kann, dass die Teildreiecke in allen drei Seiten übereinstimmen und Dreiecke, die in allen drei Seiten übereinstimmen, immer kongruent sind.*

Richtige Argumentation.
Nachweis, dass die Teildreiecke in allen drei Seiten übereinstimmen:
Dies folgt natürlich schon durch die Symmetrie der beiden Teildreiecke, kann aber auch umständlicher z. B. so begründet werden:
Die beiden Teildreiecke stimmen in der Seite [MC] überein.
$\overline{AM} = \overline{MB}$ folgt daraus, dass M der Mittelpunkt der Strecke [AB] ist.
$\overline{AC} = \overline{BC}$ gilt, weil C als Punkt der Mittelsenkrechten von A und B gleich weit entfernt ist.
Hieraus folgt die Kongruenz der Teildreiecke nach dem Kongruenzsatz SSS. (Weitere Kongruenzsätze sind: SWS, SWW, WSW, SsW.)

☐ ... weil man zeigen kann, dass die Flächeninhalte der Teildreiecke gleich groß sind und Dreiecke, die den gleichen Flächeninhalt besitzen, immer kongruent sind.

Bewertung: 1 BE Abzug für jedes falsche oder fehlende Kreuz

Falsche Argumentation. Zwar lässt sich zeigen, dass die beiden Teildreiecke den gleichen Inhalt haben, jedoch lässt sich hieraus allein nicht ihre Kongruenz folgern. Die Figur zeigt dies: Die gekennzeichneten Dreiecke stimmen in der Grundseite g und der zugehörigen Höhe überein, haben also den gleichen Inhalt. Offensichtlich sind sie aber nicht kongruent.

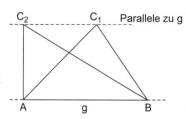

Aufgabe 5

a) $\frac{8}{15}$

Hinweise und Tipps

$\left(\frac{3}{4} \cdot \frac{4}{5} - \frac{1}{3}\right) : 0{,}5 =$ Kürzen von 4 im Produkt $\frac{3}{4} \cdot \frac{4}{5}$.

$\left(\frac{3}{5} - \frac{1}{3}\right) : \frac{1}{2} =$ Brüche in der Klammer auf den gemeinsamen Nenner 15 erweitern. Division durch den Bruch $\frac{1}{2}$ durch Multiplikation mit dem Kehrbruch 2 ersetzen.

$\left(\frac{9}{15} - \frac{5}{15}\right) \cdot 2 =$ Subtraktion gleichnamiger Brüche: „Zähler minus Zähler, Nenner beibehalten."

$\frac{4}{15} \cdot 2 =$ Ausführlich: $\frac{4}{15} \cdot 2 = \frac{4}{15} \cdot \frac{2}{1} = \frac{4 \cdot 2}{15 \cdot 1} = \frac{8}{15}$

$\frac{8}{15}$

Variante unter Verwendung des Distributivgesetzes:

$\left(\frac{3}{5} - \frac{1}{3}\right) : \frac{1}{2} = \left(\frac{3}{5} - \frac{1}{3}\right) \cdot 2 = \frac{3}{5} \cdot 2 - \frac{1}{3} \cdot 2 = \frac{6}{5} - \frac{2}{3} = \frac{18}{15} - \frac{10}{15} = \frac{8}{15}$

b) **Die Zahl 0,5 muss durch die Zahl 0,25 ersetzt werden.**

Bei einem Quotienten erhält man den doppelten Termwert, wenn man den Divisor halbiert („nur halb so stark teilt").
Übersichtliches Beispiel: $20 : 10 = 2, \quad 20 : 5 = 4$

Aufgabe 6

a) **Die Fahrzeit verkürzte sich um 60 %.**

Hinweise und Tipps

Die Fahrzeit verkürzte sich von 70 Minuten auf 28 Minuten. Gefragt ist, **um** wie viel % sich die Fahrzeit verkürzte.
Die Fahrzeit verkürzte sich um $70 - 28 = 42$ Minuten, das sind $\frac{42}{70} = \frac{6}{10} = 60\,\%$.

Variante: Die Fahrzeit verkürzte sich **auf** $\frac{28}{70} = \frac{4}{10} = 40\,\%$, verringerte sich also **um** 60 %.

b) ☐ $\frac{28}{89} \cdot 60$

☐ $\frac{89}{28} \cdot 3{,}6$

☒ $\frac{89}{28} \cdot 60$

☐ $\frac{89}{0{,}28}$

1. Lösungsweg: Schlussrechnung
In 28 Minuten schafft der ICE 89 km.
In 1 Minute schafft der ICE $\frac{89}{28}$ km.
In 60 Minuten schafft der ICE $\frac{89}{28} \cdot 60$ km.

2. Lösungsweg: Geschwindigkeit = Weg : Zeit

$v = \frac{89\,\text{km}}{28\,\text{min}} = \frac{89\,\text{km}}{\frac{28}{60}\,\text{h}} = 89 : \frac{28}{60}\,\frac{\text{km}}{\text{h}} = \frac{89}{1} \cdot \frac{60}{28}\,\frac{\text{km}}{\text{h}} = \frac{89}{28} \cdot 60\,\frac{\text{km}}{\text{h}}$

Lösungen BMT 8 – 2007 Gruppe A

Aufgabe 7

a) $a^2 + 2b^2 - 1,5ab$
   oder
   $a^2 - 1,5ab + 2b^2$

Hinweise und Tipps

Der Term ist eine Summe mit dem zweiten Summanden 1,5ab. Den ersten Summanden bildet das Produkt aus den beiden Klammern. Jeder Summand der Klammer (a – b) muss unter Beachtung der Vorzeichen mit jedem Summanden der Klammer (a – 2b) multipliziert werden. Die entstehenden Ergebnisse werden addiert.

$(a-b) \cdot (a-2b) + 1,5ab =$

$a \cdot a - a \cdot 2b - b \cdot a + b \cdot 2b + 1,5ab =$ Die einzelnen Summanden vereinfachen. (Kommutativgesetz der Multiplikation)

$a^2 - 2ab - ab + 2b^2 + 1,5ab =$ Reihenfolge der Summanden unter Mitnahme der Vorzeichen vertauschen.

$a^2 + 2b^2 - 2ab - ab + 1,5ab =$ Gleichartige Summanden (gleiche Buchstabengruppe) zusammenfassen.

$a^2 + 2b^2 + (-2 - 1 + 1,5)ab =$
$a^2 + 2b^2 - 1,5ab$

b) $2x^3$

Der Term ist eine Summe. Zunächst muss der erste Summand $(-x)^2 \cdot x$ vereinfacht werden.

$(-x)^2 \cdot x + x^3 =$ Potenz ausführlich schreiben.
$(-x) \cdot (-x) \cdot x + x^3 =$ „Minus mal Minus ergibt Plus."
$x \cdot x \cdot x + x^3 =$ Potenzschreibweise verwenden.
$x^3 + x^3 =$ Vergleiche: $x + x = 2x$
$2x^3$ Nicht zu verwechseln mit $x^3 \cdot x^3 = x \cdot x \cdot x \cdot x \cdot x \cdot x = x^6$!

Aufgabe 8

12

Bewertung: Der Flächeninhalt kann hier ohne Einheit genannt werden. Inhalt 12 bedeutet dann so viel wie „12 Flächeneinheiten". Selbstverständlich kannst du den Inhalt auch mit 12 cm² angeben.
1 BE Abzug, wenn sich durch Ungenauigkeiten bei der Abmessung von Längen nicht mehr der genaue Flächeninhalt 12 ergibt.

Hinweise und Tipps

Das Viereck ABCD ist ein Trapez mit den parallelen Seiten [AB] und [CD].

1. Lösungsweg: Zerlegung des Trapezes in ein Rechteck und zwei rechtwinklige Dreiecke

Jedes rechtwinklige Dreieck ist die Hälfte eines aus den beiden Katheten gebildeten Rechtecks. Die Dreiecksfläche berechnet sich also zu „$\frac{1}{2}$-mal Produkt der beiden Katheten".

$A_T = A_1 + A_R + A_2 =$
$\frac{1}{2} \cdot 1 \cdot 3 + 2 \cdot 3 + \frac{1}{2} \cdot 3 \cdot 3 =$
$\frac{3}{2} + 6 + \frac{9}{2} = 12$

2. Lösungsweg: Ergänzung des Trapezes zu einem Rechteck

$A_T = A_R - A_1 - A_2 =$
$6 \cdot 3 - \frac{1}{2} \cdot 1 \cdot 3 - \frac{1}{2} \cdot 3 \cdot 3 =$
$18 - \frac{3}{2} - \frac{9}{2} = 12$

3. Lösungsweg: Zerlegung des Trapezes in ein Parallelogramm und ein Dreieck

Parallelogrammfläche = Grundlinie mal zugehörige Höhe
Dreiecksfläche = $\frac{1}{2}$-mal Grundlinie mal zugehörige Höhe
Nur wenn die Grundlinien wie in der Skizze gewählt werden, können alle nötigen Längen exakt abgelesen werden.

$A_T = A_P + A_D$
$= g_P h_P + \frac{1}{2} g_D h_D$
$= 2 \cdot 3 + \frac{1}{2} \cdot 4 \cdot 3$
$= 6 + 6$
$= 12$

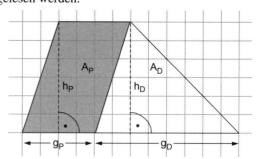

4. Lösungsweg: Zerlegung des Trapezes längs einer Diagonalen in zwei Dreiecke

Nur wenn die Grundlinien der beiden Dreiecke wie in der Skizze gewählt werden, können alle nötigen Längen exakt abgelesen werden.

$A_T = A_1 + A_2 =$
$\frac{1}{2} g_1 h_1 + \frac{1}{2} g_2 h_2 =$
$\frac{1}{2} \cdot 2 \cdot 3 + \frac{1}{2} \cdot 6 \cdot 3 =$
$3 + 9 = 12$

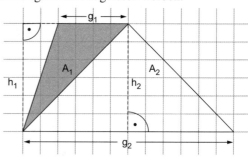

5. Lösungsweg: Anwendung der Trapezformel

$A_T = \frac{1}{2}(g_1 + g_2) h_T$

$A_T = \frac{1}{2} \cdot (2 + 6) \cdot 3 = 12$

Bemerkung: Die Trapezformel ergibt sich z. B. aus dem 4. Lösungsweg durch Ausklammern von $\frac{1}{2} h_T$, da $h_1 = h_2 = h_T$.

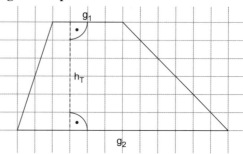

Aufgabe 9

Beispielsweise:
Länge 4 cm, Breite $\frac{5}{4}$ cm und
Länge 3 cm, Breite $\frac{5}{3}$ cm.

Bewertung: 1 BE für jedes richtige Paar aus Länge und Breite.
Die Angabe gerundeter Maße wird akzeptiert, z. B. Länge 3 cm, Breite 1,7 cm.
Für Löcher, die die „Randbedingung" nicht erfüllen (z. B. Länge 5 cm, Breite 1 cm) gibt es keine BE.

Hinweise und Tipps

Der Flächeninhalt des Rechtecks beträgt $A_R = 5$ cm $\cdot$ 2 cm = 10 cm².
Das Loch muss also den Inhalt $A_L = 5$ cm² haben.
Gesucht sind also Zahlen ℓ und b mit $\ell \cdot b = 5$, wobei $0 < \ell < 5$ und $0 < b < 2$ gelten muss. Das geht nicht ohne Brüche ab. Beispiele:
$5 = 4 \cdot \frac{5}{4} = 4,5 \cdot \frac{5}{4,5} = 3 \cdot \frac{5}{3} = \ldots$

Bayerischer Mathematik-Test 2007
8. Jahrgangsstufe Gymnasium, Gruppe B

Aufgabe 1

Für eine Ausstellung über Bayern soll auf einem großen Werbebanner die Statue der Bavaria abgebildet werden. Als Bildmotiv wird nebenstehendes Foto so vergrößert, dass es 20 m hoch ist.
Welche Gesamthöhe hat dann die Statue auf dem Werbebanner (ohne Sockel gemessen, Ergebnis auf Meter genau)?
Der Lösungsweg muss nachvollziehbar sein.

Aufgabe 2

Die Tabelle zeigt für einen bayerischen Landkreis die prozentuale Verteilung der Schülerinnen und Schüler in der Jahrgangsstufe 8 auf die einzelnen Schularten im Schuljahr 2005/06.

Gymnasium	25 %
Realschule	35 %
Hauptschule	30 %
sonstige Schularten	10 %

Diese Verteilung soll in nebenstehendem Kreisdiagramm veranschaulicht werden; die Sektoren für das Gymnasium und die Realschule sind bereits eingetragen.

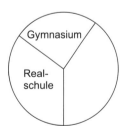

a) Ergänze im Diagramm die beiden fehlenden Sektoren und beschrifte sie.

b) Die vier Sektoren des vollständigen Kreisdiagramms sollen mit den vier Farben Gelb, Rot, Blau und Violett gefüllt werden, jeder in einer anderen Farbe.
Wie viele unterschiedliche Farbgebungen sind möglich?

☐ $4+3+2+1=10$ ☐ $4 \cdot 4 \cdot 4 \cdot 4 = 256$ ☐ $4 \cdot 3 \cdot 2 \cdot 1 = 24$ ☐ $4 \cdot 4 = 16$

Aufgabe 3

Wandle jeweils in die in Klammern angegebene Einheit um.

3,65 km   (m)   ....

650 g   (kg)   ....

4 500 dm²   (m²)   ....

eine Viertelstunde (s)   ....

Aufgabe 4

a) Konstruiere die Mittelsenkrechte der Strecke [PQ] und zeichne den Kreis, der [PQ] als Durchmesser hat.

×—————————————————×
P   Q

b) R ist derjenige Schnittpunkt von Mittelsenkrechte und Kreis, der oberhalb der Strecke [PQ] liegt. Das Dreieck PQR ist dann gleichschenklig, weil R auf der Mittelsenkrechten von [PQ] liegt, und deshalb von P und Q gleich weit entfernt ist.
Begründe, dass das Dreieck PQR auch rechtwinklig ist.

....

....

c) Es gilt: *In jedem gleichschenklig-rechtwinkligen Dreieck zerlegt die Mittelsenkrechte der Basis das Dreieck in zwei kongruente Teildreiecke.*
Kreuze an, welche der folgenden Argumentationen richtig sind.

Die zwei Teildreiecke sind kongruent, ...

☐ ... weil man zeigen kann, dass die Teildreiecke in allen drei Winkeln übereinstimmen und Dreiecke, die in allen drei Winkeln übereinstimmen, immer kongruent sind.

☐ ... weil man zeigen kann, dass die Teildreiecke in allen drei Seiten übereinstimmen und Dreiecke, die in allen drei Seiten übereinstimmen, immer kongruent sind.

☐ ... weil man zeigen kann, dass die Flächeninhalte der Teildreiecke gleich groß sind und Dreiecke, die den gleichen Flächeninhalt besitzen, immer kongruent sind.

☐ ... weil die Mittelsenkrechte Symmetrieachse des gleichschenklig-rechtwinkligen Dreiecks ist.

Aufgabe 5

a) Berechne den Wert des Terms $\left(\frac{3}{5} \cdot \frac{5}{7} - \frac{1}{3}\right) : 0{,}5$.

b) Durch welche Zahl muss man die Zahl 0,5 im obigen Term ersetzen, damit man den doppelten Termwert erhält?

Aufgabe 6

Im Jahr 2006 hat die Deutsche Bahn zwischen Nürnberg und Ingolstadt eine 89 km lange ICE-Hochgeschwindigkeitsstrecke in Betrieb genommen. Frau Dorn, die regelmäßig mit dem Zug von Nürnberg nach Ingolstadt fährt, stellt fest: „Für mich verkürzte sich die Fahrzeit von 70 Minuten auf 28 Minuten."

a) Um wie viel Prozent verkürzte sich die Fahrzeit von Frau Dorn?

b) Welcher Term beschreibt die Durchschnittsgeschwindigkeit in $\frac{\text{km}}{\text{h}}$, die der ICE auf der Hochgeschwindigkeitsstrecke besitzt?

☐ $\frac{89}{0{,}28}$ ☐ $\frac{89}{28} \cdot 60$ ☐ $\frac{89}{28} \cdot 3{,}6$ ☐ $\frac{28}{89} \cdot 60$

Aufgabe 7

a) Multipliziere aus und vereinfache: $(x-2y) \cdot (x-y) + 1{,}5xy$

b) Vereinfache so weit wie möglich: $(-a)^2 \cdot a + a^3$

Aufgabe 8

Berechne den Flächeninhalt des abgebildeten Vierecks ABCD.

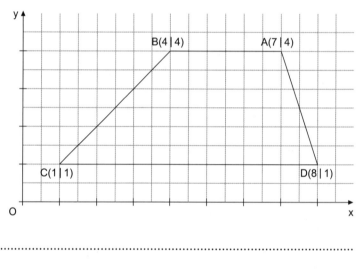

Aufgabe 9

In Rechtecke der Länge 5 cm und der Breite 2 cm wird jeweils ein rechteckiges Loch so geschnitten, dass rundum ein Randstreifen bleibt.

Mögliche Figuren sind z. B.:   oder

Nicht erlaubt sind z. B.:   oder

Gib zwei Möglichkeiten an, wie lang und breit solch ein Loch sein kann, wenn der Flächeninhalt des Lochs genauso groß sein soll wie der Flächeninhalt der Restfläche.

Lösungen

Aufgabe 1

12 m

Bewertung: Bei der Längenmessung in der Abbildung wird eine Abweichung von bis zu 2 mm akzeptiert.

Hinweise und Tipps

Höhe der Statue auf dem Werbebanner:
$\frac{3}{5} \cdot 20 \text{ m} = 12 \text{ m}$

Aufgabe 2

a)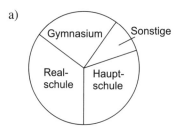

Bewertung: Der Rechenweg zur Ermittlung der Winkel war nicht verlangt. Auch die Zahlenwerte müssen nicht explizit angegeben werden.

b) ☐ $4+3+2+1 = 10$
☐ $4 \cdot 4 \cdot 4 \cdot 4 = 256$
☒ $4 \cdot 3 \cdot 2 \cdot 1 = 24$
☐ $4 \cdot 4 = 16$

Hinweise und Tipps

Nur einer der beiden folgenden Diagrammwinkel muss berechnet werden.
Hauptschule:
30 % von $360° = \frac{3}{10} \cdot 360° = 3 \cdot 36° = 108°$
Sonstige:
10 % von $360° = \frac{1}{10} \cdot 360° = 36°$

Die Aufgabe ist mit Aufgabe 2b der Gruppe A identisch.

Aufgabe 3

$3{,}65 \text{ km} = \mathbf{3\,650 \text{ m}}$
$650 \text{ g} = \mathbf{0{,}650 \text{ kg}}$
$4\,500 \text{ dm}^2 = \mathbf{45 \text{ m}^2}$
$\frac{1}{4} \text{ h} = \mathbf{900 \text{ s}}$

Bewertung: Pro Fehler oder fehlender Antwort musst du 1 BE abziehen.

Hinweise und Tipps

1 km = 1 000 m
1 kg = 1 000 g
1 m² = 100 dm²
$\frac{1}{4}$ h = $\frac{1}{4} \cdot 3\,600$ s = 900 s   oder $\frac{1}{4}$ h = 15 min = 15 · 60 s = 900 s

Aufgabe 4

a)

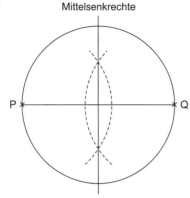

Mittelsenkrechte

b) **Dreieck PQR ist rechtwinklig bei R, weil R auf dem Thaleskreis über [PQ] liegt.**

c) *Die zwei Teildreiecke sind kongruent, …*

☐ *… weil man zeigen kann, dass die Teildreiecke in allen drei Winkeln übereinstimmen und Dreiecke, die in allen drei Winkeln übereinstimmen, immer kongruent sind.*

☒ *… weil man zeigen kann, dass die Teildreiecke in allen drei Seiten übereinstimmen und Dreiecke, die in allen drei Seiten übereinstimmen, immer kongruent sind.*

☐ *… weil man zeigen kann, dass die Flächeninhalte der Teildreiecke gleich groß sind und Dreiecke, die den gleichen Flächeninhalt besitzen, immer kongruent sind.*

☒ *… weil die Mittelsenkrechte Symmetrieachse des gleichschenklig-rechtwinkligen Dreiecks ist.*

Bewertung: 1 BE Abzug für jedes falsche oder fehlende Kreuz.

Hinweise und Tipps

Um zwei Punkte der Mittelsenkrechten zu finden, schneidet man zwei Kreise um P und Q, die den gleichen, ausreichend großen Radius haben. Die Mittelsenkrechte halbiert den Durchmesser [PQ]. Damit ist der Mittelpunkt M des Kreises mit [PQ] als Durchmesser gefunden. M darf jedoch auch mithilfe eines Lineals ermittelt werden („zeichne" den Kreis).

Als „Thaleskreis über [PQ]" bezeichnet man den Kreis mit [PQ] als Durchmesser.

Diese Aufgabe stimmt mit der Gruppe A überein, lediglich die Reihenfolge der Argumentationen ist vertauscht. Für genauere Erläuterungen siehe die Hinweise und Tipps zu Aufgabe 4c der Gruppe A.

BMT 8 – 2007 Gruppe B   Lösungen

Aufgabe 5

a) $\dfrac{4}{21}$

Hinweise und Tipps

$\left(\dfrac{3}{5} \cdot \dfrac{5}{7} - \dfrac{1}{3}\right) : 0{,}5 =$

$\left(\dfrac{3}{7} - \dfrac{1}{3}\right) : \dfrac{1}{2} =$

$\left(\dfrac{9}{21} - \dfrac{7}{21}\right) \cdot 2 =$

$\dfrac{2}{21} \cdot 2 =$

$\dfrac{4}{21}$

Kürzen von 5 im Produkt $\dfrac{3}{5} \cdot \dfrac{5}{7}$.

Brüche in der Klammer auf den gemeinsamen Nenner 21 erweitern. Division durch $\dfrac{1}{2}$ entspricht Multiplikation mit dem Kehrbruch 2. Subtraktion gleichnamiger Brüche: „Zähler minus Zähler, Nenner beibehalten."

Ausführlich: $\dfrac{2}{21} \cdot 2 = \dfrac{2}{21} \cdot \dfrac{2}{1} = \dfrac{2 \cdot 2}{21 \cdot 1} = \dfrac{4}{21}$

b) **Die Zahl 0,5 muss durch die Zahl 0,25 ersetzt werden.**

Bei einem Quotienten erhält man den doppelten Termwert, wenn man den Divisor halbiert („nur halb so stark teilt").
Übersichtliches Beispiel: $20 : 10 = 2, \quad 20 : 5 = 4$

Aufgabe 6

a) **Die Fahrzeit verkürzte sich um 60 %.**

b) ☐ $\dfrac{89}{0{,}28}$

☒ $\dfrac{89}{28} \cdot 60$

☐ $\dfrac{89}{28} \cdot 3{,}6$

☐ $\dfrac{28}{89} \cdot 60$

Hinweise und Tipps

Diese Aufgabe ist mit Aufgabe 6a der Gruppe A identisch.

Diese Aufgabe ist mit Aufgabe 6b der Gruppe A identisch.

Aufgabe 7

a) $x^2 + 2y^2 - 1{,}5xy$
   oder
   $x^2 - 1{,}5xy + 2y^2$

b) $2a^3$

Hinweise und Tipps

$(x - 2y) \cdot (x - y) + 1{,}5xy =$

$x^2 - xy - 2xy + 2y^2 + 1{,}5xy =$

$x^2 + 2y^2 - 1{,}5xy$

$(x - 2y) \cdot (x - y)$

Gleichartige Summanden (gleiche Buchstabengruppe) zusammenfassen.

$(-a)^2 \cdot a + a^3 =$
$(-a) \cdot (-a) \cdot a + a^3 =$
$a \cdot a \cdot a + a^3 =$
$a^3 + a^3 =$
$2a^3$

Potenz ausführlich schreiben.
„Minus mal Minus ergibt Plus."
Potenzschreibweise verwenden.
Vergleiche: $a + a = 2a$

Aufgabe 8

a) **15**

Bewertung: Der Flächeninhalt kann hier ohne Einheit genannt werden. Selbstverständlich kannst du den Inhalt auch mit 15 cm² angeben.

Hinweise und Tipps

Lösung z. B. durch Zerlegung des Trapezes in ein Rechteck und zwei rechtwinklige Dreiecke.

$$A_T = A_1 + A_R + A_2 =$$
$$\frac{1}{2} \cdot 3 \cdot 3 + 3 \cdot 3 + \frac{1}{2} \cdot 1 \cdot 3 =$$
$$4{,}5 + 9 + 1{,}5 = 15$$

Aufgabe 8 gleicht bis auf veränderte Koordinaten der Trapezeckpunkte der Aufgabe 8 der Gruppe A. Weitere Lösungswege sind unter den Hinweisen und Tipps der Gruppe A beschrieben.

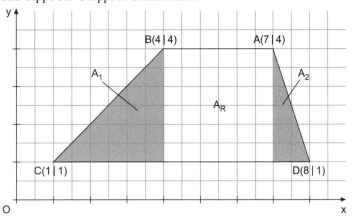

Aufgabe 9

Beispielsweise:

Länge 4 cm, Breite $\frac{5}{4}$ cm und

Länge 3 cm, Breite $\frac{5}{3}$ cm.

Bewertung: 1 BE für jedes richtige Paar aus Länge und Breite.
Die Angabe gerundeter Maße wird akzeptiert, z. B. Länge 3 cm, Breite 1,7 cm.
Für Löcher, die die „Randbedingung" nicht erfüllen (z. B. Länge 5 cm, Breite 1 cm) gibt es keine BE.

Hinweise und Tipps

Der Flächeninhalt des Rechtecks beträgt $A_R = 5 \text{ cm} \cdot 2 \text{ cm} = 10 \text{ cm}^2$.
Das Loch muss also den Inhalt $A_L = 5 \text{ cm}^2$ haben.
Gesucht sind also Zahlen ℓ und b mit $\ell \cdot b = 5$, wobei $0 < \ell < 5$ und $0 < b < 2$ gelten muss.

$$5 = 4 \cdot \frac{5}{4} = 4{,}5 \cdot \frac{5}{4{,}5} = 3 \cdot \frac{5}{3} = \ldots$$

Bayerischer Mathematik-Test 2008
8. Jahrgangsstufe Gymnasium, Gruppe A

Aufgabe 1

Aus einem Quader wurde an einer Ecke ein Würfel herausgeschnitten (vergleiche nebenstehende Abbildung).
Berechne das Volumen des Restkörpers.

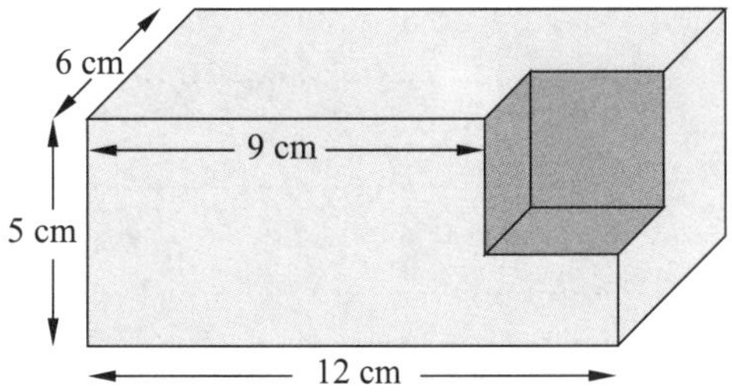

(Abmessungen: 6 cm, 9 cm, 5 cm, 12 cm)

Aufgabe 2

Nebenstehende Tabelle zeigt, wie viele Euro-Geldscheine am 31. Mai 2007 in Umlauf waren. Beispielsweise befanden sich von den 200 €-Scheinen 153 Millionen Stück in Umlauf.

Wert	Anzahl der Scheine in Millionen
500 €	429
200 €	153
100 €	1 116
50 €	3 983
20 €	2 244
10 €	1 804
5 €	1 325

a) Wie hoch war der Gesamtwert aller 50 €-Scheine?

☐ ca. 200 000 Euro

☐ ca. 2 Milliarden Euro

☐ ca. 20 Milliarden Euro

☐ ca. 200 Milliarden Euro

☐ ca. 2 Billionen Euro

b) Ungefähr wie viel Prozent aller in Umlauf befindlichen Scheine waren 20 €-Scheine? Die notwendigen Rechnungen brauchen nicht exakt ausgeführt zu werden, es genügt jeweils ein Überschlag. Der Lösungsweg muss nachvollziehbar sein.

Aufgabe 3

a) Bestimme die Lösung der Gleichung $12 - 6 \cdot \left(\frac{1}{3}x + 3\right) = 4x$.

b) Durch welche Zahl muss in obiger Gleichung die Zahl 12 ersetzt werden, damit $x = 0$ Lösung der neuen Gleichung ist?

Aufgabe 4

Im Rahmen des Verkehrsunterrichts wurden die Fahrräder der Unterstufenschüler überprüft. Die einzelnen Mängel wurden in folgender Liste zusammengefasst:

- mangelhafte Beleuchtung an jedem 6. Fahrrad
- mangelhafte Bremsen an 15 % der Fahrräder
- mangelhafte Reifen an $\frac{1}{5}$ der Fahrräder

a) Welcher Mangel wurde am häufigsten festgestellt? Begründe deine Antwort durch einen Größenvergleich der in der Liste genannten Anteile.

b) Peter schaut sich die obige Liste mit den Ergebnissen der Überprüfung an, rechnet kurz und sagt dann: „Nach dieser Liste sind mehr als 50 % aller untersuchten Fahrräder mangelhaft." Begründe, dass Peter nicht unbedingt recht hat.

Aufgabe 5

Die Summe der Innenwinkel in einem n-Eck beträgt $(n-2) \cdot 180°$.

a) Wie viele Ecken hat ein n-Eck mit der Innenwinkelsumme $720°$?

b) Ein n-Eck mit lauter gleich langen Seiten und gleich großen Innenwinkeln heißt reguläres n-Eck. Berechne die Größe eines Innenwinkels im regulären Zehneck.

Aufgabe 6

a) Von einer Raute sind die Diagonalenlängen e und f bekannt. Überlege, wie man daraus den Flächeninhalt der Raute ermitteln kann, und gib eine entsprechende Formel an.

b) Konstruiere nur mit Zirkel und Lineal eine Raute, bei der ein Innenwinkel $60°$ beträgt.

Aufgabe 7

Berechne den Wert des Terms $0{,}1 \cdot (2{,}4 : 0{,}6)$.

Aufgabe 8

a) Gib zwei Zahlen mit verschiedenen Vorzeichen an, sodass auf der Zahlengeraden die Zahl 20 in der Mitte zwischen diesen beiden Zahlen liegt.

b) Bestimme den Mittelwert der Zahlen $\frac{1}{3}$ und $\frac{1}{2}$.

Aufgabe 9

Die Nationalfahne der Schweiz zeigt ein weißes Kreuz auf rotem Grund. Für die vier kongruenten Arme des Kreuzes ist durch Beschluss der Schweizer Bundesversammlung aus dem Jahr 1889 festgelegt:

Die Länge ℓ eines Arms ist um $\frac{1}{6}$ der Breite b größer als b (vergleiche nebenstehende Abbildung).

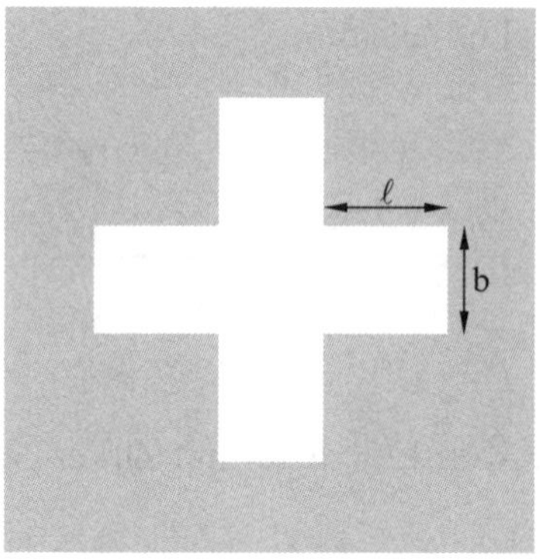

a) Wie lang ist ein Arm, wenn seine Breite 18 cm beträgt?

b) Stelle einen Term auf, der den Flächeninhalt des weißen Kreuzes in Abhängigkeit von der Breite b eines Arms beschreibt. Fasse den Term, in dem nur noch b als Variable vorkommen soll, so weit wie möglich zusammen.

Lösungen

Aufgabe 1

333 cm³

Die alleinige Berechnung des Quadervolumens ist noch keine BE wert.

Hinweise und Tipps

1. Lösungsweg: $V_{Restkörper} = V_{Quader} - V_{Würfel}$

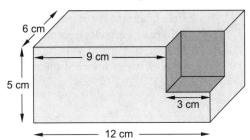

$V_{Quader} = 12 \text{ cm} \cdot 6 \text{ cm} \cdot 5 \text{ cm} = 360 \text{ cm}^3$ (Länge mal Breite mal Höhe)

Die Seitenlänge des herausgeschnittenen Würfels beträgt
$12 \text{ cm} - 9 \text{ cm} = 3 \text{ cm}$

$V_{Würfel} = 3 \text{ cm} \cdot 3 \text{ cm} \cdot 3 \text{ cm} = 27 \text{ cm}^3$

$V_{Restkörper} = 360 \text{ cm}^3 - 27 \text{ cm}^3 = 333 \text{ cm}^3$

2. Lösungsweg: Zerlegung des Restkörpers in Quader

Die Skizze zeigt eine mögliche Zerlegung. Die zusätzlich benötigten Abmessungen sind in der Maßeinheit cm eingetragen.

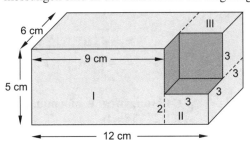

$V_{Restkörper} = V_I + V_{II} + V_{III}$

$V_{Restkörper} = 9 \text{ cm} \cdot 6 \text{ cm} \cdot 5 \text{ cm} + 3 \text{ cm} \cdot 6 \text{ cm} \cdot 2 \text{ cm} + 3 \text{ cm} \cdot 3 \text{ cm} \cdot 3 \text{ cm}$

$= 270 \text{ cm}^3 + 36 \text{ cm}^3 + 27 \text{ cm}^3$

$= 333 \text{ cm}^3$

Aufgabe 2

a) ☐ ca. 200 000 Euro
   ☐ ca. 2 Milliarden Euro
   ☐ ca. 20 Milliarden Euro
   ☒ ca. 200 Milliarden Euro
   ☐ ca. 2 Billionen Euro

Hinweise und Tipps

Eine Überschlagsrechnung ergibt für den Gesamtwert der 3 983 Millionen Scheine:
50 Euro · 4 000 Millionen = 50 Euro · 4 Milliarden = 200 Milliarden Euro

b) **ungefähr 20 %**

Für die alleinige Berechnung der Gesamtzahl aller Scheine kann noch keine BE vergeben werden.

Da nicht gesagt wird, wie genau der Überschlag ausgeführt werden muss, sollte eine Rundung der Anzahlen auf 1 000 Millionen bzw. Milliarden genügen.
Die Gesamtzahl aller Scheine beträgt überschlagsmäßig in Milliarden:
$0 + 0 + 1 + 4 + 2 + 2 + 1 = 10$
Davon sind ca. 2 Milliarden 20 €-Scheine.
Der gesuchte Anteil beträgt also $\frac{2}{10} = \frac{20}{100} = 20\,\%$.
Eine Überschlagsrechnung, bei der die einzelnen Summanden auf Hundert Millionen gerundet werden, erbringt das gleiche Ergebnis:
Gesamtzahl in 100 Millionen etwa: $4 + 2 + 11 + 40 + 22 + 18 + 13 = 110$
20 €-Scheine in 100 Millionen etwa: 22
Anteil: $\frac{22}{110} = \frac{2}{10} = 20\,\%$ (Im ersten Schritt wurde mit 11 gekürzt)

Aufgabe 3

a) $x = -1$

Da nur nach der „Lösung" gefragt ist, brauchst du die Lösungsmenge in der Form $\mathbb{L} = \{-1\}$ nicht anzugeben (die Grundmenge fehlt in der Angabe ebenfalls).
Für jeden Rechenfehler oder fehlenden Rechenschritt musst du eine BE abziehen.
Die Missachtung der Regel „Punkt vor Strich" gilt als so schwerwiegender Fehler, dass deine Lösung dann in jedem Fall mit 0 BE bewertet werden muss.

Hinweise und Tipps

Zunächst muss die linke Seite der Gleichung vereinfacht werden. Dabei musst du die Regel „Punkt vor Strich" beachten, darfst also nicht $12 - 6 = 6$ rechnen und das Ergebnis mit der Klammer multiplizieren.
Keinesfalls ist es möglich, in einem ersten Schritt den Teilterm $\frac{1}{3}x$ aus der Klammer „herauszuholen" und mit anderem Vorzeichen auf die rechte Seite der Gleichung zu stellen.

$12 - 6 \cdot \left(\frac{1}{3}x + 3\right) = 4x$ Ausmultiplizieren auf der linken Seite der Gleichung; beachte das Vorzeichen vor der Klammer.

$12 - 6 \cdot \frac{1}{3}x - 6 \cdot 3 = 4x$ Vereinfachen der linken Seite.

$12 - 2x - 18 = 4x$

$-2x - 6 = 4x \quad | +2x$ Addition von $2x$ auf beiden Seiten der Gleichung.

$-6 = 6x \quad | :6$ Division beider Seiten durch den Vorfaktor bei x.

$-1 = x$

b) **Die Zahl 12 muss durch die Zahl 18 ersetzt werden.**

Hast du die Gleichung in Teilaufgabe 3 a fehlerhaft umgeformt, z. B. zu $12 - 2x + 18 = 4x$ und arbeitest du mit diesem Teilergebnis richtig weiter, so erhältst du 1 BE.

1. Lösungsweg: Umformung aus Teilaufgabe 3 a verwenden

$12 - 2x - 18 = 4x$ Bis hierher wurde die Zahl 12 nicht angetastet.

$12 - 2x - 18 = 4x \quad | +2x$ Terme mit x auf eine Seite bringen

$12 - 18 = 6x$

Setzt man nun $x = 0$ ein, so ergibt sich auf der rechten Seite der Wert $6 \cdot 0 = 0$. Wenn $x = 0$ Lösung sein soll, muss auch auf der linken Seite 0 stehen. Also muss die Zahl 12 durch die Zahl 18 ersetzt werden.

2. Lösungsweg: Mit der Ausgangsgleichung $12 - 6 \cdot \left(\frac{1}{3}x + 3\right) = 4x$ arbeiten

Wir ersetzen die Zahl 12 durch den Platzhalter a:

$a - 6 \cdot \left(\frac{1}{3}x + 3\right) = 4x$

Wenn $x = 0$ Lösung dieser Gleichung sein soll, muss beim Einsetzen von $x = 0$ in die linke und rechte Seite der Gleichung das gleiche Ergebnis herauskommen. Wir erhalten dann eine Gleichung für a, die leicht aufzulösen ist.

$a - 6 \cdot \left(\frac{1}{3} \cdot 0 + 3\right) = 4 \cdot 0$ Ausrechnen der Zahlenterme

$a - 6 \cdot (0 + 3) = 0$

$a - 18 = 0$

$a = 18$

Lösungen — BMT 8 – 2008 Gruppe A

Aufgabe 4

a) **Am häufigsten wurden mangelhafte Reifen festgestellt.**

Ein Größenvergleich wie im 2. Lösungsweg dargestellt wird akzeptiert, obwohl dort nicht Anteile, sondern Absolutzahlen verglichen werden.

Hinweise und Tipps

1. Lösungsweg: Über den Vergleich der gegebenen Anteile

Zunächst fällt ins Auge, dass mangelhafte Reifen häufiger auftreten als mangelhafte Beleuchtung. Mangelhafte Reifen werden bei jedem 5. Fahrrad, mangelhafte Beleuchtung nur bei jedem 6. Fahrrad festgestellt. Es genügt also, die Bremsmängel mit den Reifenmängeln zu vergleichen:

Anteil mit Bremsmängeln: 15 %

Anteil mit Reifenmängeln: $\frac{1}{5} = \frac{20}{100} = 20\,\%$

Varianten:

- Vergleich aller gegebenen Anteile in der Prozentschreibweise:

  Anteil mit Beleuchtungsmängeln: $\frac{1}{6} = 1 : 6 = 0{,}166\ldots \approx 17\,\%$

  Anteil mit Bremsmängeln: $\quad 15\,\%$

  Anteil mit Reifenmängeln: $\quad \frac{1}{5} = 0{,}2 = 20\,\%$

- Vergleich aller gegebenen Anteile in der Bruchschreibweise, z. B. durch Erweitern auf den gemeinsamen Nenner 600:

  Anteil mit Beleuchtungsmängeln: $\frac{1}{6} = \frac{100}{600}$

  Anteil mit Bremsmängeln: $\quad 15\,\% = \frac{15}{100} = \frac{90}{600}$

  Anteil mit Reifenmängeln: $\quad \frac{1}{5} = \frac{120}{600}$

2. Lösungsweg: Mithilfe einer Beispielrechnung

Angenommen, es wurden 600 Fahrräder kontrolliert.

Fahrräder mit Beleuchtungsmängeln: $\frac{1}{6}$ von $600 = 100$

Fahrräder mit Bremsmängeln: 15 % von $600 = \frac{15}{100}$ von $600 = 15 \cdot 6 = 90$

Fahrräder mit Reifenmängeln: $\frac{1}{5}$ von $600 = 120$

Hieraus ergibt sich ebenfalls, dass mangelhafte Reifen am häufigsten festgestellt wurden.

b) **Peter hat nicht recht, weil ein Fahrrad gleichzeitig mehrere der genannten Mängel haben kann.**

Peter hat wahrscheinlich die Anteile in Prozent umgerechnet und addiert:
17 % + 15 % + 20 % = 52 %
Das Aufstellen dieser Rechnung war nicht verlangt.

Aufgabe 5

a) **6 Ecken (n = 6)**

Hinweise und Tipps

Wenn du den gegebenen Satz nicht sofort verstehst, dann setze für n spezielle Zahlen ein:

$n = 3$: $(n-2) \cdot 180° = (3-2) \cdot 180° = 1 \cdot 180° = 180°$
Die Summe der Innenwinkel in einem 3-Eck beträgt 180°.

$n = 4$: $(n-2) \cdot 180° = (4-2) \cdot 180° = 2 \cdot 180° = 360°$
Die Summe der Innenwinkel in einem 4-Eck beträgt 360°.

Nun zur Aufgabe selbst: Wenn die Innenwinkelsumme 720° betragen soll, muss gelten:
$(n-2) \cdot 180° = 720°$
Diese Gleichung lösen wir wie üblich nach der Unbekannten n auf.

$(n-2) \cdot 180° = 720° \quad |:180°$
$\quad n - 2 = 4 \quad |+2$
$\quad\quad n = 6$

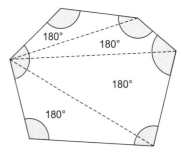

b) **144°**

In dem Satz der Angabe solltest du dir den Teil „gleich große Innenwinkel" anstreichen.

1. Lösungsweg: Mithilfe der Formel
Die Winkelsumme im 10-Eck (sei es nun regulär oder auch nicht) beträgt nach der angegebenen Formel:
$(10-2) \cdot 180° = 8 \cdot 180° = 1\,440°$
Diese Winkelsumme muss im regulären 10-Eck gleichmäßig auf die 10 Innenwinkel aufgeteilt werden. Jeder von ihnen misst also:
$1\,440° : 10 = 144°$

2. Lösungsweg: Reguläres 10-Eck vom Mittelpunkt aus in 10 Dreiecke zerlegen

Ein reguläres 10-Eck zerfällt – wie in der Figur zu sehen – in 10 kongruente gleichschenklige Teildreiecke.
Die gleich großen Basiswinkel in jedem dieser Teildreiecke wurden in der Figur mit β bezeichnet. Damit ist die Größe des gesuchten Innenwinkels gleich $2 \cdot \beta$.
Die Berechnung dieses Winkels gelingt, wenn man sich ein gleichschenkliges Teildreieck vornimmt:
$2 \cdot \beta = 180° - \mu =$
$180° - 360° : 10 =$
$180° - 36° =$
$144°$

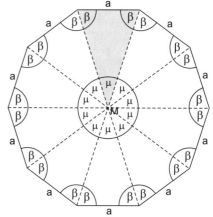

Winkelsumme im Teildreieck
10 gleich große Mittelpunktswinkel

Aufgabe 6

a) $A_{Raute} = \frac{1}{2}ef$

Die in der Angabe geforderte „Überlegung" musst du nicht aufschreiben, es genügt die Angabe der Flächenformel.
Eine Vereinfachung des aufgestellten Terms war ebenfalls nicht verlangt, es genügt z. B. die Angabe $A_{Raute} = 2 \cdot \frac{1}{2} \cdot e \cdot \frac{f}{2}$ (vergleiche die erste Lösung unter „Hinweise und Tipps").

Hinweise und Tipps

Wir nennen die längere Diagonale der Raute e, die kürzere f.

1. Lösungsweg: Zerlegung der Raute längs der Diagonalen e in zwei Dreiecke

Die Teildreiecke sind wegen der Achsensymmetrie der Raute zu e flächengleich. Ihr Inhalt wird mit der Formel $A_{Dreieck} = \frac{1}{2} \cdot$ Grundlinie $\cdot$ Höhe berechnet.

Grundlinie: e, zugehörige Höhe: $\frac{f}{2}$

$A_{Raute} = 2 \cdot A_{Dreieck} = 2 \cdot \frac{1}{2} \cdot e \cdot \frac{f}{2}$

Die (nicht geforderte) Vereinfachung dieses Terms ergibt:
$A_{Raute} = 2 \cdot \frac{1}{2} \cdot e \cdot \frac{f}{2} = e \cdot \frac{f}{2} = \frac{1}{2} \cdot e \cdot f = \frac{1}{2}ef$

Variante: Zerlegung der Raute längs der Diagonalen f in zwei Dreiecke. Grundlinie dieser Dreiecke ist dann f, die zugehörige Höhe ist $\frac{e}{2}$.

2. Lösungsweg: Zerlegung der Raute in vier rechtwinklige Dreiecke
Ein rechtwinkliges Dreieck ist ein halbes Rechteck, das die Katheten des Dreiecks als Seiten hat. Der Inhalt eines rechtwinkligen Dreiecks berechnet sich als „$\frac{1}{2} \cdot$ erste Kathete $\cdot$ zweite Kathete".

Lösungen BMT 8 – 2008 Gruppe A

Da alle vier rechtwinkligen Teildreiecke der Raute jeweils die Katheten $\frac{e}{2}$ und $\frac{f}{2}$ haben, folgt:

$A_{Raute} = 4 \cdot A_{Dreieck} = 4 \cdot \frac{1}{2} \cdot \frac{e}{2} \cdot \frac{f}{2}$

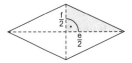

Die Vereinfachung des Terms ergibt wieder:

$A_{Raute} = \frac{1}{2}ef$

3. Lösungsweg: Zerschneiden der Raute und Umlegen der Teile in ein Rechteck

Die Abbildung zeigt eine Möglichkeit auf.
Das entstandene Rechteck hat die Seiten e und $\frac{f}{2}$.

$A_{Raute} = A_{Rechteck} = e \cdot \frac{f}{2} = \frac{1}{2}ef$

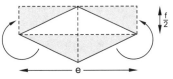

Konstruktion eines 60°-Winkels

Wir konstruieren ein gleichseitiges Dreieck. Dazu beginnen wir mit dem Zeichnen einer Strecke beliebiger Länge, z. B. a = 5 cm.
Die Kreise um die Endpunkte dieser Strecke mit dem Radius a = 5 cm schneiden sich dann in dem noch fehlenden Dreieckspunkt.
Im Bild sind die Ecken des gleichseitigen Dreiecks mit A, B und D bezeichnet. ABD ist die „Hälfte" der gewünschten Raute ABCD.

b)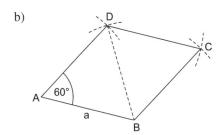

Für die Konstruktion eines 60°-Winkels gibt es eine BE.

Konstruktion des noch fehlenden Rautenpunkts C

Ihn findet man am einfachsten als Schnittpunkt zweier Kreise um B und D mit dem Radius a = 5 cm. (Besonders zügig läuft die Konstruktion also, wenn man gleich mit [BD] beginnt.)

Nachstehend einige Eigenschaften der Raute, die dieses Vorgehen rechtfertigen:
- Alle Seiten einer Raute sind gleich lang.
- C ist der Spiegelpunkt zu A bezüglich der Diagonalen [BD].
- Die Dreiecke ABD und BCD sind kongruent, also ist BCD im speziellen Fall wie ABD ein gleichseitiges Dreieck.

Weitere, weniger naheliegende Möglichkeiten, C zu finden:
Spiegeln des Punkts A am Mittelpunkt der Strecke [BD] (Punktsymmetrie der Raute) oder Ausnützen der Tatsache, dass die Raute als spezielles Parallelogramm zueinander parallele Gegenseiten hat. Im letztgenannten Fall müssten die Parallelen ohne Zuhilfenahme der Linien auf dem GEO-Dreieck konstruiert werden.

Aufgabe 7   **Hinweise und Tipps**

0,4

$0{,}1 \cdot (2{,}4 : 0{,}6) =$	Ausgleichende Kommaverschiebung beim Quotienten.
$0{,}1 \cdot (24 : 6) =$	Klammer berechnen
$0{,}1 \cdot 4 =$	Ohne Rücksicht auf das Komma: $1 \cdot 4 = 4$.
$0{,}4$	Eine Dezimale im Endergebnis.

Aufgabe 8

a) z. B. −10 und 50

b) $\frac{5}{12}$

Auch die Antwort $\frac{2{,}5}{6}$ bringt eine BE, nicht jedoch die Angabe irgendeines Näherungswerts.

Hinweise und Tipps

Sehr leicht fällt diese Aufgabe, wenn du eine Skizze der Zahlengeraden anfertigst:

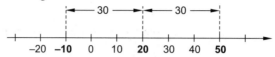

1. Lösungsweg: Geeignetes Erweitern der gegebenen Brüche

Erweitern beider Brüche auf den gemeinsamen Nenner 6:

$\frac{1}{3} = \frac{2}{6}$, $\frac{1}{2} = \frac{3}{6}$

Hieraus lässt sich die Zahl in der Mitte (der Mittelwert) zu $\frac{2{,}5}{6}$ angeben.

Schöner lässt sich der Mittelwert schreiben, wenn man die Erweiterung noch einen Schritt weitertreibt:

$\frac{1}{3} = \frac{2}{6} = \frac{4}{12}$, $\frac{1}{2} = \frac{3}{6} = \frac{6}{12}$

Mittelwert: $\frac{5}{12}$

2. Lösungsweg: Verwenden einer Formel für den Mittelwert

Der Mittelwert von Zahlen wird auch Durchschnitt genannt. Du kennst das vom Berechnen der Durchschnittsnote: Alle Noten werden zusammengezählt und durch die Anzahl der Noten geteilt. Hier wurden die „Noten" $\frac{1}{3}$ und $\frac{1}{2}$ vergeben, ihr Mittelwert beträgt:

$\left(\frac{1}{3} + \frac{1}{2}\right) : 2 =$ Brüche auf den gemeinsamen Nenner 6 erweitern.

$\left(\frac{2}{6} + \frac{3}{6}\right) : 2 =$ Brüche addieren: Zähler plus Zähler, Nenner beibehalten.

$\frac{5}{6} : 2 =$ Die Zahl 2 als Bruch schreiben.

$\frac{5}{6} : \frac{2}{1} =$ Statt durch den Bruch $\frac{2}{1}$ zu dividieren: mit dem Kehrbruch $\frac{1}{2}$ multiplizieren.

$\frac{5}{6} \cdot \frac{1}{2} =$ Brüche multiplizieren: Zähler mal Zähler, Nenner mal Nenner.

$\frac{5}{12}$

Den letzten Teil der sehr ausführlich dargestellten Rechnung kannst du selbstverständlich abkürzen: $\frac{5}{6} : 2 = \frac{5}{6 \cdot 2} = \frac{5}{12}$

Aufgabe 9

a) **21 cm**

b) $\frac{17}{3} b^2$

Der Ansatz $A_{Kreuz} = 4\ell b + b^2$ beziehungsweise $A_{Kreuz} = (2\ell + b)b + 2\ell b$ bringt bereits eine BE.

Hinweise und Tipps

$\ell = b + \frac{1}{6} b = 18 \text{ cm} + \frac{1}{6} \cdot 18 \text{ cm} = 18 \text{ cm} + 3 \text{ cm} = 21 \text{ cm}$

Wie in Teilaufgabe 6 a gelingt die Flächenberechnung mithilfe einer geeigneten Zerlegung des Kreuzes, hier in Rechtecke.

1. Lösungsweg: „Abschneiden aller Arme"

Ein Blick auf die Abbildung liefert den Ansatz

$A_{Kreuz} = 4\ell b + b^2$

Jetzt muss ℓ durch $b + \frac{1}{6} b$ ersetzt werden. Wir vereinfachen ℓ zunächst ein wenig:

$\ell = b + \frac{1}{6} b = \frac{6}{6} b + \frac{1}{6} b = \frac{7}{6} b$

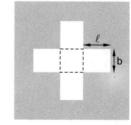

$A_{Kreuz} = 4 \cdot \frac{7}{6} b \cdot b + b^2 =$ Kürzen mit 2: $4 \cdot \frac{7}{6} = 2 \cdot \frac{7}{3}$; $b \cdot b = b^2$

$\frac{14}{3} b^2 + b^2 =$ Die Summanden stimmen in der Variablen b^2 überein und können daher zusammengefasst werden.

$\frac{14}{3} b^2 + \frac{3}{3} b^2 =$

$\frac{17}{3} b^2$

2. Lösungsweg: „Abschneiden des oberen und unteren Arms"

Das Kreuz zerfällt in einen waagrecht liegenden Streifen mit den Seiten $2\ell + b$ und b sowie zwei Arme mit den Seiten ℓ und b.

$A_{Kreuz} = (2\ell + b)b + 2\ell b$

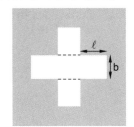

Einsetzen von $\ell = \frac{7}{6} b$ und Zusammenfassen:

$A_{Kreuz} = \left(2 \cdot \frac{7}{6} b + b\right) \cdot b + 2 \cdot \frac{7}{6} b \cdot b =$

$\left(\frac{7}{3} b + b\right) \cdot b + \frac{7}{3} b \cdot b =$

$\frac{10}{3} b \cdot b + \frac{7}{3} b \cdot b =$

$\frac{17}{3} b^2$

Bayerischer Mathematik-Test 2008
8. Jahrgangsstufe Gymnasium, Gruppe B

Aufgabe 1

Aus einem Quader wurde an einer Ecke ein Würfel herausgeschnitten (vergleiche nebenstehende Abbildung).
Berechne das Volumen des Restkörpers.

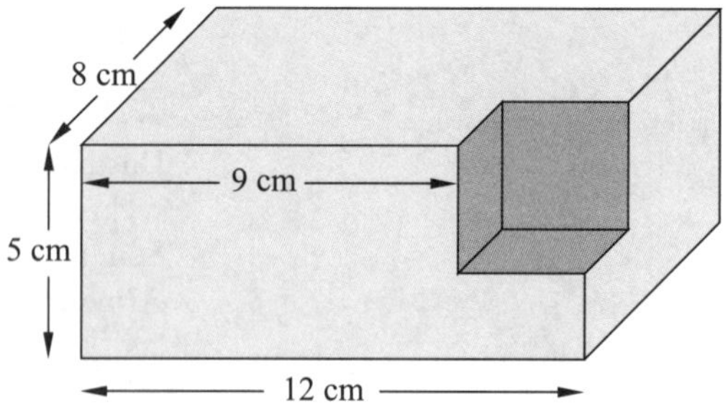

/ 2

Aufgabe 2

Nebenstehende Tabelle zeigt, wie viele Euro-Geldscheine am 31. Mai 2007 in Umlauf waren. Beispielsweise befanden sich von den 200 €-Scheinen 153 Millionen Stück in Umlauf.

Wert	Anzahl der Scheine in Millionen
5 €	1 325
10 €	1 804
20 €	2 244
50 €	3 983
100 €	1 116
200 €	153
500 €	429

a) Wie hoch war der Gesamtwert aller 50 €-Scheine?

☐ ca. 2 Billionen Euro

☐ ca. 200 Milliarden Euro

☐ ca. 20 Milliarden Euro

☐ ca. 2 Milliarden Euro

☐ ca. 200 000 Euro

/ 1

b) Ungefähr wie viel Prozent aller in Umlauf befindlichen Scheine waren 20 €-Scheine?
Die notwendigen Rechnungen brauchen nicht exakt ausgeführt zu werden, es genügt jeweils ein Überschlag. Der Lösungsweg muss nachvollziehbar sein.

/ 2

2008-12

Aufgabe 3

a) Bestimme die Lösung der Gleichung $12 - 8 \cdot \left(\frac{1}{4}x + 3\right) = 4x$.

b) Durch welche Zahl muss in obiger Gleichung die Zahl 12 ersetzt werden, damit $x = 0$ Lösung der neuen Gleichung ist?

Aufgabe 4

Im Rahmen des Verkehrsunterrichts wurden die Fahrräder der Unterstufenschüler überprüft. Die einzelnen Mängel wurden in folgender Liste zusammengefasst:

- mangelhafte Bremsen an $\frac{1}{5}$ der Fahrräder
- mangelhafte Reifen an jedem 6. Fahrrad
- mangelhafte Beleuchtung an 15 % der Fahrräder

a) Welcher Mangel wurde am häufigsten festgestellt? Begründe deine Antwort durch einen Größenvergleich der in der Liste genannten Anteile.

b) Petra schaut sich die obige Liste mit den Ergebnissen der Überprüfung an, rechnet kurz und sagt dann: „Nach dieser Liste sind mehr als 50 % aller untersuchten Fahrräder mangelhaft." Begründe, dass Petra nicht unbedingt recht hat.

Aufgabe 5

Die Summe der Innenwinkel in einem n-Eck beträgt $(n-2) \cdot 180°$.

a) Wie viele Ecken hat ein n-Eck mit der Innenwinkelsumme $900°$?

b) Ein n-Eck mit lauter gleich langen Seiten und gleich großen Innenwinkeln heißt reguläres n-Eck. Berechne die Größe eines Innenwinkels im regulären Zehneck.

Aufgabe 6

a) Von einer Raute sind die Diagonalenlängen e und f bekannt. Überlege, wie man daraus den Flächeninhalt der Raute ermitteln kann, und gib eine entsprechende Formel an.

b) Konstruiere nur mit Zirkel und Lineal eine Raute, bei der ein Innenwinkel $60°$ beträgt.

Aufgabe 7

Berechne den Wert des Terms $0{,}1 \cdot (2{,}8 : 0{,}4)$.

Aufgabe 8

a) Gib zwei Zahlen mit verschiedenen Vorzeichen an, sodass auf der Zahlengeraden die Zahl 10 in der Mitte zwischen diesen beiden Zahlen liegt.

b) Bestimme den Mittelwert der Zahlen $\frac{1}{4}$ und $\frac{1}{3}$.

Aufgabe 9

Die Nationalfahne der Schweiz zeigt ein weißes Kreuz auf rotem Grund. Für die vier kongruenten Arme des Kreuzes ist durch Beschluss der Schweizer Bundesversammlung aus dem Jahr 1889 festgelegt:

Die Länge ℓ eines Arms ist um $\frac{1}{6}$ der Breite b größer als b (vergleiche nebenstehende Abbildung).

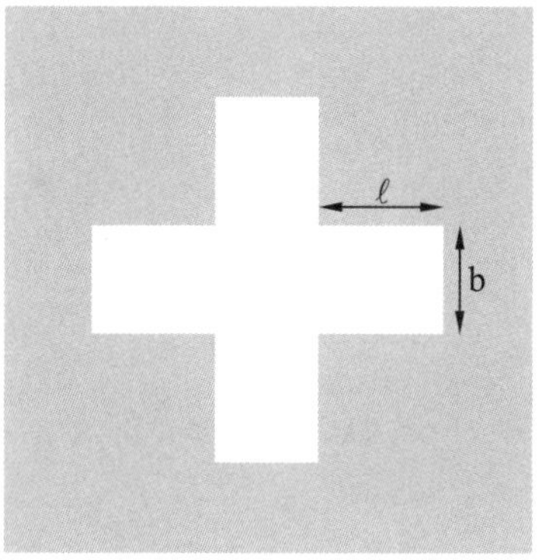

a) Wie lang ist ein Arm, wenn seine Breite 12 cm beträgt?

b) Stelle einen Term auf, der den Flächeninhalt des weißen Kreuzes in Abhängigkeit von der Breite b eines Arms beschreibt. Fasse den Term, in dem nur noch b als Variable vorkommen soll, so weit wie möglich zusammen.

Lösungen

Aufgabe 1

453 cm³

Die alleinige Berechnung des Quadervolumens ist noch keine BE wert.

Hinweise und Tipps

1. Lösungsweg: $V_{Restkörper} = V_{Quader} - V_{Würfel}$

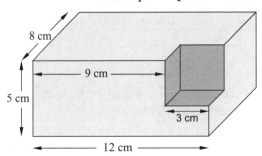

$V_{Quader} = 12\text{ cm} \cdot 5\text{ cm} \cdot 8\text{ cm} = 480\text{ cm}^3$ (Länge mal Breite mal Höhe)

Die Seitenlänge des herausgeschnittenen Würfels beträgt
$12\text{ cm} - 9\text{ cm} = 3\text{ cm}$
$V_{Würfel} = 3\text{ cm} \cdot 3\text{ cm} \cdot 3\text{ cm} = 27\text{ cm}^3$
$V_{Restkörper} = 480\text{ cm}^3 - 27\text{ cm}^3 = 453\text{ cm}^3$

2. Lösungsweg: Zerlegung des Restkörpers in Quader

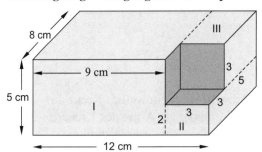

Die Skizze zeigt eine mögliche Zerlegung. Die zusätzlich benötigten Abmessungen sind in der Maßeinheit cm eingetragen.

$V_{Restkörper} = V_I + V_{II} + V_{III}$
$V_{Restkörper} = 9\text{ cm} \cdot 8\text{ cm} \cdot 5\text{ cm} + 3\text{ cm} \cdot 8\text{ cm} \cdot 2\text{ cm} + 3\text{ cm} \cdot 5\text{ cm} \cdot 3\text{ cm}$
$\quad = 360\text{ cm}^3 + 48\text{ cm}^3 + 45\text{ cm}^3$
$\quad = 453\text{ cm}^3$

Aufgabe 2

a) ☐ ca. 2 Billionen Euro
   ☒ ca. 200 Milliarden Euro
   ☐ ca. 20 Milliarden Euro
   ☐ ca. 2 Milliarden Euro
   ☐ ca. 200 000 Euro

Hinweise und Tipps

Eine Überschlagsrechnung ergibt für den Gesamtwert der 3 983 Millionen Scheine:
50 Euro · 4 000 Millionen = 50 Euro · 4 Milliarden = 200 Milliarden Euro

b) **ungefähr 20 %**

Für die alleinige Berechnung der Gesamtzahl aller Scheine kann noch keine BE vergeben werden.

Siehe die Hinweise zu Gruppe A. Gruppe B unterscheidet sich von Gruppe A nur durch die geänderte Reihenfolge der Zahlen in der Tabelle.

Aufgabe 3

Hinweise und Tipps

a) $x = -2$

Für jeden Rechenfehler oder fehlenden Rechenschritt musst du eine BE abziehen.
Die Missachtung der Regel „Punkt vor Strich" gilt als so schwerwiegender Fehler, dass deine Lösung dann in jedem Fall mit 0 BE bewertet werden muss.

$$12 - 8 \cdot \left(\tfrac{1}{4}x + 3\right) = 4x$$
$$12 - 8 \cdot \tfrac{1}{4}x - 8 \cdot 3 = 4x$$
$$12 - 2x - 24 = 4x \quad | +2x$$
$$12 - 24 = 6x$$
$$-12 = 6x \quad | :6$$
$$-2 = x$$

Ausmultiplizieren auf der linken Seite der Gleichung; beachte das Vorzeichen vor der Klammer.

Vereinfachen der linken Seite.

Addition von 2x auf beiden Seiten der Gleichung.

Linke Seite ausrechnen.

Division beider Seiten durch den Vorfaktor bei x.

b) **Die Zahl 12 muss durch die Zahl 24 ersetzt werden.**

Hast du die Gleichung in Teilaufgabe 3 a fehlerhaft umgeformt, z. B. zu $12 - 2x + 24 = 4x$ und arbeitest du mit diesem Teilergebnis richtig weiter, so erhältst du 1 BE.

Wir verwenden die Umformung aus Teilaufgabe 3 a. Bis zur Zeile $12 - 24 = 6x$ wurde die Zahl 12 nicht angetastet.
Jetzt siehst du, dass $x = 0$ Lösung der Gleichung ist, wenn auf der linken Seite der Gleichung 0 steht. Dazu muss die Zahl 12 durch die Zahl 24 ersetzt werden.

Aufgabe 4

Hinweise und Tipps

a) **Am häufigsten wurden mangelhafte Bremsen festgestellt.**

Zunächst fällt ins Auge, dass mangelhafte Bremsen häufiger auftreten als mangelhafte Reifen. Mangelhafte Bremsen werden bei jedem 5. Fahrrad, mangelhafte Reifen nur bei jedem 6. Fahrrad festgestellt. Es genügt also, die Bremsmängel mit den Beleuchtungsmängeln zu vergleichen:
Anteil mit Beleuchtungsmängeln: $15\,\%$
Anteil mit Bremsmängeln: $\tfrac{1}{5} = \tfrac{20}{100} = 20\,\%$

Hieraus ergibt sich, dass mangelhafte Bremsen am häufigsten festgestellt wurden.
Für weitere Lösungswege siehe Aufgabe 4 b von Gruppe A. Zahlen und Vorgehensweise unterscheiden sich bei Gruppe A und Gruppe B nicht.

b) **Petra hat nicht recht, weil ein Fahrrad gleichzeitig mehrere der genannten Mängel haben kann.**

Petra hat wahrscheinlich die Anteile in Prozent umgerechnet und addiert:
$17\,\% + 15\,\% + 20\,\% = 52\,\%$
Das Aufstellen dieser Rechnung war nicht verlangt.

Aufgabe 5

Hinweise und Tipps

a) **7 Ecken (n = 7)**

$$(n-2) \cdot 180° = 900° \quad | :180°$$
$$n - 2 = 5 \quad | +2$$
$$n = 7$$

b) **144°**

Die Aufgabe ist mit Aufgabe 5 b der Gruppe A identisch.

Aufgabe 6

a) $A_{Raute} = \frac{1}{2}ef$

Die in der Angabe geforderte „Überlegung" musst du nicht aufschreiben, es genügt die Angabe der Flächenformel.
Die Vereinfachung des aufgestellten Terms war nicht verlangt.

Hinweise und Tipps

Die Aufgabe gleicht vollkommen derjenigen der Gruppe A. Lediglich bezeichnet e nun die kürzere und f die längere Diagonale in der Figur.

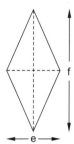

b)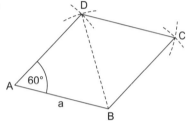

Für die Konstruktion eines 60°-Winkels gibt es eine BE.

Die Aufgabe ist mit Aufgabe 6 b der Gruppe A identisch.

Aufgabe 7

0,7

Hinweise und Tipps

$0,1 \cdot (2,8 : 0,4) =$ Ausgleichende Kommaverschiebung beim Quotienten.
$0,1 \cdot (28 : 4) =$ Klammer berechnen.
$0,1 \cdot 7 =$ Eine Dezimale im Endergebnis.
$0,7$

Aufgabe 8

a) z. B. −20 und 40

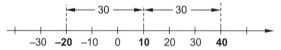

b) $\frac{7}{24}$

Auch die Antwort $\frac{3,5}{12}$ bringt eine BE, nicht jedoch die Angabe irgendeines Näherungswerts.

Hinweise und Tipps

1. Lösungsweg: Geeignetes Erweitern der gegebenen Brüche

$\frac{1}{4} = \frac{3}{12} = \frac{6}{24}$, $\frac{1}{3} = \frac{4}{12} = \frac{8}{24}$

Mittelwert: $\frac{7}{24}$

2. Lösungsweg: Verwenden einer Formel für den Mittelwert

$\left(\frac{1}{4} + \frac{1}{3}\right) : 2 =$ Brüche auf den gemeinsamen Nenner 12 erweitern.

$\left(\frac{3}{12} + \frac{4}{12}\right) : 2 =$ Brüche addieren: Zähler plus Zähler, Nenner beibehalten.

$\frac{7}{12} : 2 =$ Division durch 2: Nenner verdoppeln.

$\frac{7}{12 \cdot 2} =$

$\frac{7}{24}$

Aufgabe 9

a) **14 cm**

b) $\frac{17}{3} b^2$

Der Ansatz $A_{Kreuz} = 4\ell b + b^2$ beziehungsweise $A_{Kreuz} = (2\ell + b)b + 2\ell b$ bringt bereits eine BE.

Hinweise und Tipps

$\ell = b + \frac{1}{6}b = 12\,\text{cm} + \frac{1}{6} \cdot 12\,\text{cm} = 12\,\text{cm} + 2\,\text{cm} = 14\,\text{cm}$

Die Aufgabe ist mit Aufgabe 9 b der Gruppe A identisch.

Notizen

Ideal zum selbstständigen Lernen

Schülergerecht aufbereiteter Lernstoff mit anschaulichen Beispielen, abwechslungsreichen Übungen und erklärende Lösungen **zum selbststständigen Lernen** zu Hause. Schließt Wissenslücken und gibt Sicherheit und Motivation durch Erfolgserlebnisse.

Mathematik – Training

Mathematik –
Übertritt an weiterführende Schulen ...... Best.-Nr. 90001
Mathematik 5. Klasse Bayern .... Best.-Nr. 90005
Mathematik 5. Klasse
Baden-Württemberg .... Best.-Nr. 80005
Mathematik 5. Klasse .... Best.-Nr. 900051
Klassenarbeiten Mathematik 5. Klasse ... Best.-Nr. 900301
Mathematik 6. Klasse .... Best.-Nr. 900062
Bruchzahlen und Dezimalbrüche .... Best.-Nr. 900061
Algebra 7. Klasse .... Best.-Nr. 900111
Geometrie 7. Klasse .... Best.-Nr. 900211
Mathematik 8. Klasse .... Best.-Nr. 900121
Lineare Gleichungssysteme .... Best.-Nr. 900122
Algebra 9. Klasse .... Best.-Nr. 90013
Geometrie 9. Klasse .... Best.-Nr. 90023
Klassenarbeiten Mathematik 9. Klasse ... Best.-Nr. 900331
Algebra 10. Klasse .... Best.-Nr. 90014
Geometrie 10. Klasse .... Best.-Nr. 90024
Klassenarbeiten Mathematik 10. Klasse . Best.-Nr. 900341
Potenzen und Potenzfunktionen .... Best.-Nr. 900141
Wiederholung Algebra .... Best.-Nr. 90009
Wiederholung Geometrie .... Best.-Nr. 90010
Kompakt-Wissen Algebra .... Best.-Nr. 90016
Kompakt-Wissen Geometrie .... Best.-Nr. 90026

Mathematik – Zentrale Prüfungen

Bayerischer Mathematik-Test (BMT)
8. Klasse Gymnasium Bayern .... Best.-Nr. 950081
Bayerischer Mathematik-Test (BMT)
10. Klasse Gymnasium Bayern .... Best.-Nr. 950001
Vergleichsarbeiten Mathematik
6. Klasse Gymnasium
Baden-Württemberg .... Best.-Nr. 850061
Vergleichsarbeiten Mathematik
8. Klasse Gymnasium
Baden-Württemberg .... Best.-Nr. 850081
Zentrale Klassenarbeit Mathematik
10. Klasse Gymnasium
Baden-Württemberg .... Best.-Nr. 80001
Vergleichsarbeiten Mathematik
VERA 8. Klasse Gymnasium .... Best.-Nr. 950082
Zentrale Prüfung Mathematik ZP 10
Gymnasium Nordrhein-Westfalen .... Best.-Nr. 550001
Mittlerer Schulabschluss Mathematik
Berlin .... Best.-Nr. 111500
Zentrale Prüfung Mathematik Klasse 10
Gymnasium Brandenburg .... Best.-Nr. 1250001
Prüfung zum Übergang in die Jahrgangsstufe 11
Mathematik Klasse 10 Gymnasium/Gesamtschule
Mecklenburg-Vorpommern .... Best.-Nr. 1350001
Besondere Leistungsfeststellung Mathematik
10. Klasse Gymnasium Sachsen .... Best.-Nr. 1450001
Besondere Leistungsfeststellung Mathematik
10. Klasse Gymnasium Thüringen .... Best.-Nr. 1650001

Physik

Physik – Mittelstufe 1 .... Best.-Nr. 90301
Physik – Mittelstufe 2 .... Best.-Nr. 90302

Deutsch – Training

Leseverstehen 5./6. Klasse .... Best.-Nr. 90410
Rechtschreibung und Diktat
5./6. Klasse mit CD .... Best.-Nr. 90408
Grammatik und Stil 5./6. Klasse .... Best.-Nr. 90406
Aufsatz 5./6. Klasse .... Best.-Nr. 90401
Grammatik und Stil 7./8. Klasse .... Best.-Nr. 90407
Aufsatz 7./8. Klasse .... Best.-Nr. 90403
Aufsatz 9./10. Klasse .... Best.-Nr. 90404
Deutsche Rechtschreibung
5.–10. Klasse .... Best.-Nr. 90402
Übertritt in die Oberstufe .... Best.-Nr. 90409
Kompakt-Wissen Rechtschreibung .... Best.-Nr. 944065
Kompakt-Wissen Deutsch
Aufsatz Unter-/Mittelstufe .... Best.-Nr. 904401
Lexikon Kinder- und Jugendliteratur ..... Best.-Nr. 93443

Deutsch – Zentrale Prüfungen

Jahrgangsstufentest Deutsch
6. Klasse Gymnasium Bayern .... Best.-Nr. 954061
Jahrgangsstufentest Deutsch
8. Klasse Gymnasium Bayern .... Best.-Nr. 954081
Zentrale Klassenarbeit Deutsch
10. Klasse Gymnasium
Baden-Württemberg .... Best.-Nr. 80402
Vergleichsarbeiten Deutsch VERA
8. Klasse mit CD Gymnasium .... Best.-Nr. 954082
Zentrale Prüfung Deutsch ZP 10
Gymnasium Nordrhein-Westfalen .... Best.-Nr. 554001
Mittlerer Schulabschluss Deutsch Berlin . Best.-Nr. 111540
Prüfung zum Übergang in die Jahrgangsstufe 11
Deutsch Klasse 10 Gymnasium/Gesamtschule
Mecklenburg-Vorpommern .... Best.-Nr. 1354001
Besondere Leistungsfeststellung Deutsch
10. Klasse Gymnasium Sachsen .... Best.-Nr. 1454001
Besondere Leistungsfeststellung Deutsch
10. Klasse Gymnasium Thüringen .... Best.-Nr. 1654001

Französisch

Französisch im 1. Lernjahr .... Best.-Nr. 905502
Rechtschreibung und Diktat
1./2. Lernjahr mit 2 CDs .... Best.-Nr. 905501
Französisch im 2. Lernjahr .... Best.-Nr. 905503
Französisch im 3. Lernjahr .... Best.-Nr. 905504
Französisch im 4. Lernjahr .... Best.-Nr. 905505
Wortschatzübung Mittelstufe .... Best.-Nr. 94510
Zentrale Klassenarbeit Französisch
10. Klasse Gymnasium
Baden-Württemberg .... Best.-Nr. 80501
Kompakt-Wissen Kurzgrammatik .... Best.-Nr. 945011
Kompakt-Wissen Grundwortschatz .... Best.-Nr. 905001

(Bitte blätter Sie um)

Englisch Grundwissen

Englisch Grundwissen 5. Klasse	Best.-Nr. 90505
Klassenarbeiten Englisch 5. Klasse mit CD	Best.-Nr. 905053
Englisch Grundwissen 6. Klasse	Best.-Nr. 90506
Klassenarbeiten Englisch 6. Klasse mit CD	Best.-Nr. 905063
Englisch Grundwissen 7. Klasse	Best.-Nr. 90507
Klassenarbeiten Englisch 7. Klasse mit CD	Best.-Nr. 905073
Englisch Grundwissen 8. Klasse	Best.-Nr. 90508
Englisch Grundwissen 9. Klasse	Best.-Nr. 90509
Englisch Grundwissen 10. Klasse	Best.-Nr. 90510
Englisch Übertritt in die Oberstufe	Best.-Nr. 82453

Englisch Kompakt-Wissen

Kompakt-Wissen Kurzgrammatik	Best.-Nr. 90461
Kompakt-Wissen Grundwortschatz	Best.-Nr. 90464

Englisch Textproduktion

Textproduktion 9./10. Klasse	Best.-Nr. 90541

Englisch Leseverstehen

Leseverstehen 5. Klasse	Best.-Nr. 90526
Leseverstehen 6. Klasse	Best.-Nr. 90525
Leseverstehen 8. Klasse	Best.-Nr. 90522
Leseverstehen 10. Klasse	Best.-Nr. 90521

Englisch Hörverstehen

Hörverstehen 5. Klasse mit CD	Best.-Nr. 90512
Hörverstehen 6. Klasse mit CD	Best.-Nr. 90511
Hörverstehen 7. Klasse mit CD	Best.-Nr. 90513
Hörverstehen 9. Klasse mit CD	Best.-Nr. 90515
Hörverstehen 10. Klasse mit CD	Best.-Nr. 80457

Englisch Rechtschreibung

Rechtschreibung und Diktat 5. Klasse mit 3 CDs	Best.-Nr. 90531
Rechtschreibung und Diktat 6. Klasse mit 2 CDs	Best.-Nr. 90532
Englische Rechtschreibung 9./10. Klasse	Best.-Nr. 80453

Englisch Wortschatzübung

Wortschatzübung 5. Klasse mit CD	Best.-Nr. 90518
Wortschatzübung 6. Klasse mit CD	Best.-Nr. 90519
Wortschatzübung Mittelstufe	Best.-Nr. 90520

Englisch Übersetzung

Translation Practice 1/ab 9. Klasse	Best.-Nr. 80451
Translation Practice 2/ab 10. Klasse	Best.-Nr. 80452

Englisch: Zentrale Prüfungen

Jahrgangsstufentest Englisch 6. Klasse mit CD Gymnasium Bayern	Best.-Nr. 954661
Zentrale Klassenarbeit Englisch 10. Klasse mit CD Gymnasium Baden-Württemberg	Best.-Nr. 80456
Vergleichsarbeiten Englisch VERA 8. Klasse mit CD Gymnasium	Best.-Nr. 954682
Zentrale Prüfung Englisch ZP 10 NRW	Best.-Nr. 554601
Mittlerer Schulabschluss Englisch mit CD Berlin	Best.-Nr. 111550
Mittlerer Schulabschluss/Sek I Mündliche Prüfung Englisch Brandenburg	Best.-Nr. 121550
Besondere Leistungsfeststellung Englisch mit CD 10. Klasse Gymnasium Sachsen	Best.-Nr. 1454601
Besondere Leistungsfeststellung Englisch 10. Klasse Gymnasium Thüringen	Best.-Nr. 1654601

Chemie / Biologie

Chemie – Mittelstufe 1	Best.-Nr. 90731
Besondere Leistungsfeststellung Chemie 10. Klasse Gymnasium Thüringen	Best.-Nr. 1657301
Besondere Leistungsfeststellung Biologie 10. Klasse Gymnasium Thüringen	Best.-Nr. 1657001

Latein

Latein I/II im 1. Lernjahr 5./6. Klasse	Best.-Nr. 906051
Latein I/II im 2. Lernjahr 6./7. Klasse	Best.-Nr. 906061
Latein I/II im 3. Lernjahr 7./8. Klasse	Best.-Nr. 906071
Übersetzung im 1. Lektürejahr	Best.-Nr. 906091
Wiederholung Grammatik	Best.-Nr. 94601
Wortkunde	Best.-Nr. 94603
Kompakt-Wissen Kurzgrammatik	Best.-Nr. 906011

Geschichte

Kompakt-Wissen Geschichte Unter-/Mittelstufe	Best.-Nr. 907601

Ratgeber „Richtig Lernen"

Tipps und Lernstrategie – Unterstufe	Best.-Nr. 10481
Tipps und Lernstrategie – Mittelstufe	Best.-Nr. 10482

Sämtliche Informationen zu unserem Gesamtprogramm und zum Verlag finden Sie unter www.stark-verlag.de!

- Umfassende Produktinformationen
- Aussagekräftige Musterseiten
- Inhaltsverzeichnisse zu allen Produkten
- STARK Blog rund um das Thema Prüfungen
- Selbstverständlich können Sie auch im Internet bestellen

Bestellungen bitte direkt an: STARK Verlag · Postfach 1852 · D-85318 Freising
Telefon 0180 3 179000* · Telefax 0180 3 179001* · www.stark-verlag.de · info@stark-verlag.de
* 9 Cent pro Min. aus dem deutschen Festnetz

Die echten Hilfen zum Lernen ... **STARK**